# 工业化建造模式的数字化比较研究与应用

U0167098

The Digitalized Comparative Study and Application of Industrialized Construction Mode

主 编◎黄 起 宋 兵

副主编◎巩俊贤 张博为 王 威 邹汇源 陈 文 刘彦飞 李宝丰

中国建筑工业出版社

# 本书编委会


主　编：黄　起　宋　兵

副主编：巩俊贤　张博为　王　威　邹汇源　陈　文

　　　　刘彦飞　李宝丰

编　委：岑　岩　张嘉琳　钟　勇　彭志涵　伊林娜

　　　　赵宝军　王　琼　王　健　张少娟　李　超

　　　　韩良军　苏　博　许程光　彭中华　黄　帅

　　　　王佃平　钱偈睿　陈成华　杨加建　何宛余

　　　　刘　畅　李　泰　刘丰钧　赵　锟　朱　彤

　　　　孙开荣　李佳晨　杨明尉　刘　君　周皓然

　　　　王　昊　赵　亮　关耀曦　张琦涓　邓友华

　　　　李　全　高　峰　唐　亮　程志凯　张　琼

　　　　庄晓如　何　山

## 参 编 单 位

深圳市建筑工务署

深圳市城市建设开发（集团）有限公司

清华大学建筑设计研究院有限公司

深圳世拓建筑科技有限公司

中国中元国际工程有限公司

天宫开物（深圳）科技有限公司

深圳小库科技有限公司

中建海龙科技有限公司

中集建筑科技有限公司

中国港湾工程有限责任公司

中建科工集团有限公司

深圳市中装建设集团股份有限公司

深圳市特区建工科工集团有限公司

万华建筑科技有限公司

北京浩石集成房屋有限公司

# 前　言

建筑工业化是建筑行业实现现代化转型的必由之路。目前主流的工业化建造模式包括装配式混凝土体系、钢结构体系和木结构体系。近年来，钢结构模块化建筑在深圳地区异军突起，在隔离酒店、幼儿园、小学、医院等多个项目中得到应用，深圳因此在建筑工业化领域走在了全国前列。伴随着建筑工业化的深度发展，工业化建造所遇到的实际问题也显现出来，比如对“装配率”的过度关注而导致的工业化初心迷失、系统性思维缺失等问题。诚然，工业化建造模式与传统建造模式相比，能够“提高效率、提高品质、节材省工、节能减碳”（“两提两节”）。但提高和节省的具体数据难以论证清楚。

能否做一个横向比较，把各种工业化建造模式和传统建造模式在诸如技术体系、建造效率、成本、管理难度等方面进行类比，从而得出各项技术指标相对准确的比较数据?

从学术的严谨性角度讲，应该从某个实际项目中挑选几个完全相同的建筑，用几种不同的建造模式分别搭建，然后进行各项技术指标的类比，这样得到的数据才是相对准确可信的。但目前还没听说哪个项目进行过类似的研究。

用数字化的方法对同一个项目进行虚拟建造，按照不同的建造模式进行技术指标的类比，至少可以做到接近真相。

本书选取了两个已竣工的项目，一个多层酒店和一个多层教学楼，分别采用钢结构箱式模块化（MiC）、装配式钢结构、装配式混凝土（PC）和现浇混凝土四种技术体系，通过试设计建立了八个 BIM 模型，通过施工现场调研、工厂考察和数字化分析等技术手段，从技术体系、管理模式、设计环节、生产环节、施工环节、碳排放、建造周期与验收节点、建造成本八个方面开展了“实体建造”与“虚拟建造”相结合的比较研究，得出了一系列比较数据，总结了四种建造模式的特点、难点和问题，为推进新型建筑工业化的发展提供了一些建议。

本书所涉研究内容分解为十个模块，以数字化云平台上模块化、并行工程的工作模式开展课题研究工作。

感谢以下专家在研究过程中给予的大力支持：

樊则森、岑岩、龙玉峰、郭文波、饶少华、丁娟、陈杰标、周晓璐

# 目 录

# 第一章

# 研究方法与组织架构

第一节　研究方法

一、问题导向
二、研究范围
三、研究方法
四、数字化试设计
五、全过程数字化协同云平台应用

第二节　组织架构

一、组织架构图
二、工作模块分工

# 第一节 研究方法

## 一、问题导向

通过现场调研的方式，发现实际项目在建造过程中遇到的问题，通过归纳、总结和研究，提出解决问题的方法。

研究团队参阅了建筑工业化相关政策文件和文献近 10 万字（详见参考文献及附录 D），针对多层酒店与多层教学楼项目进行实地调研 4 次，考察中建海龙、中集建筑生产线 4 次（见图 1-1），收集项目设计、生产、施工相关图纸 2 套，整理分析中建海龙、中集建筑、中建科工、日本积水、日本丰田、美国 BASE4、美国 ConXtech 等技术体系与相关节点（见图 1-2）的相关技术资料与基础数据近百条，均通过建筑协同云平台进行整理分析（见图 1-3）。

图 1-1 生产线考察

中建科技钢结构模块

中集钢结构模块化体系

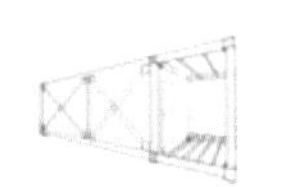

中建科工钢结构模块化体系

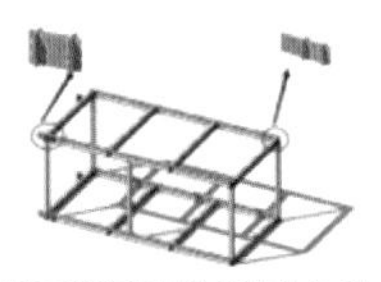

世拓科技钢结构模块化体系

日本积水建筑钢结构体系

美国 BASE4 钢结构模块化体系

美国 ConXtech 高层钢结构体系

日本丰田房屋整装建筑模块体系

图 1–2　国内外模块化技术体系收集

图 1–3　相关数据资料在云平台中共享

## 二、研究范围

本研究的范围试图从单纯的设计或者施工总包领域扩展至建筑行业的全产业链，因此研究团队不仅包含了设计、咨询、施工总包单位，还包含了结构和装修专业的部品生产企业，更为重要的是，BIM 团队作为最重要的支撑平台加入了团队。研究团队涵盖管理、开发、建筑设计、结构设计、设备设计、装修设计、工程造价咨询、BIM 正向设计、AI 算法开发、SaaS 信息化平台开发十大专业。

## 三、研究方法

由于研究范围的广泛性以及研究内容的复杂性，必须把研究内容分解为若干模块。在确定了各模块之间的集成规则后，将模块的任务分派给各参与单位。模块内的工作内容由各单位分头并行，在数字化云平台上统一进行管理，最后集成为一个完整的研究成果。

## 四、数字化试设计

以 Revit、Naviswork 为主要 BIM 设计软件，通过小库库筑、DFC 巧夺天宫等数字化 / 人工智能设计插件的巧妙结合对项目进行全专业全过程分析与设计，采用钢结构箱式模块化体系、装配式钢结构体系、装配式混凝土结构体系、现浇混凝土结构体系四种建造模式，针对多层酒店与多层教学楼项目进行数字化试设计（见图 1–4），共形成八套数据模型，每套数据模型涵盖结构、外围护、内装、设备四大系统（见图 1–5），为不同维度的比较研究提供数据模型载体（见图 1–6）。

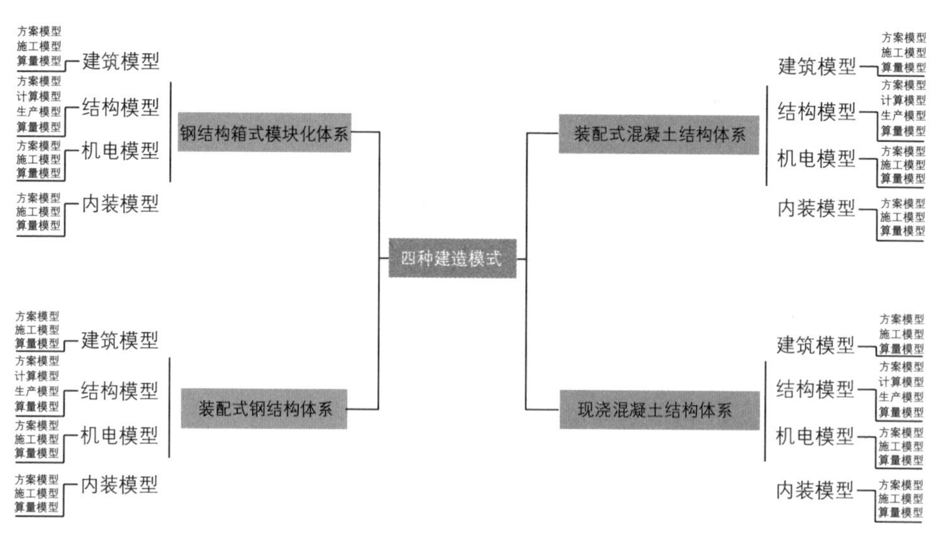


图 1–4　两个项目四种建造模式八个模型设计

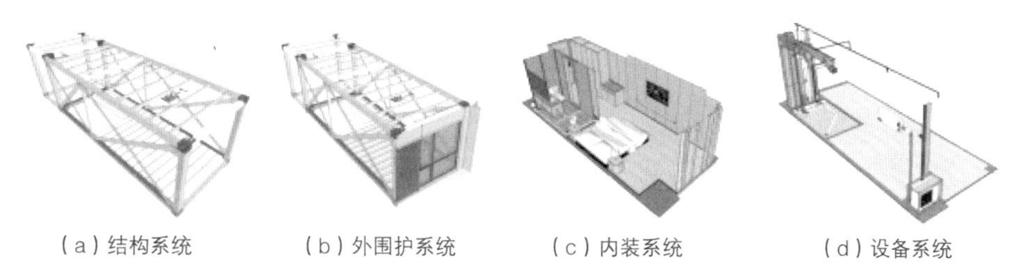

（a）结构系统　（b）外围护系统　（c）内装系统　（d）设备系统

图 1–5　钢结构箱式模块四大系统

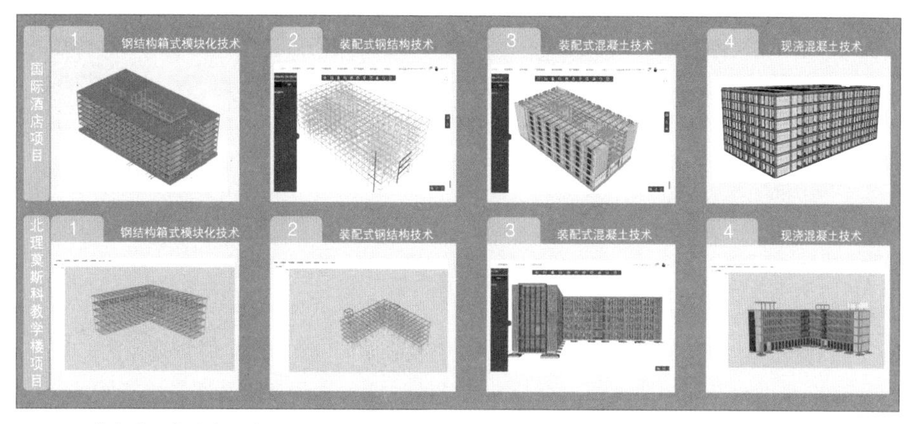


图 1–6　数字化比较内容示意图（两个项目、四种模式、八个模型）

在数字化试设计前期策划阶段，通过酷筑的 AI 算法，快速计算并推荐出多个符合场地控规的建筑整体规划，符合建筑类型、用途、使用需求与国家建筑规范要求，具备科学性与合理性的建筑内部布局规划方案（见图 1–7）。

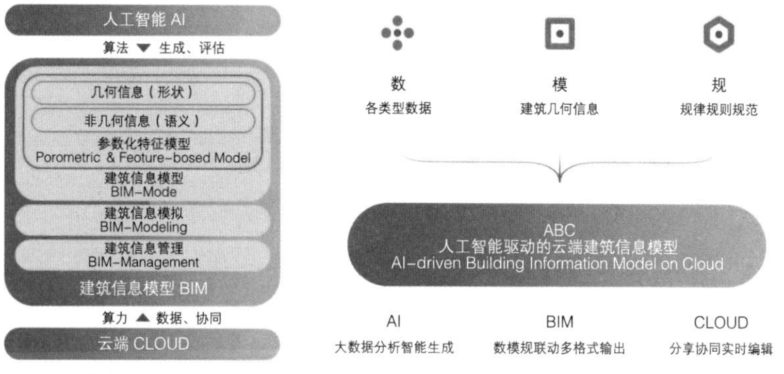


图 1–7　小库 AI 设计原理

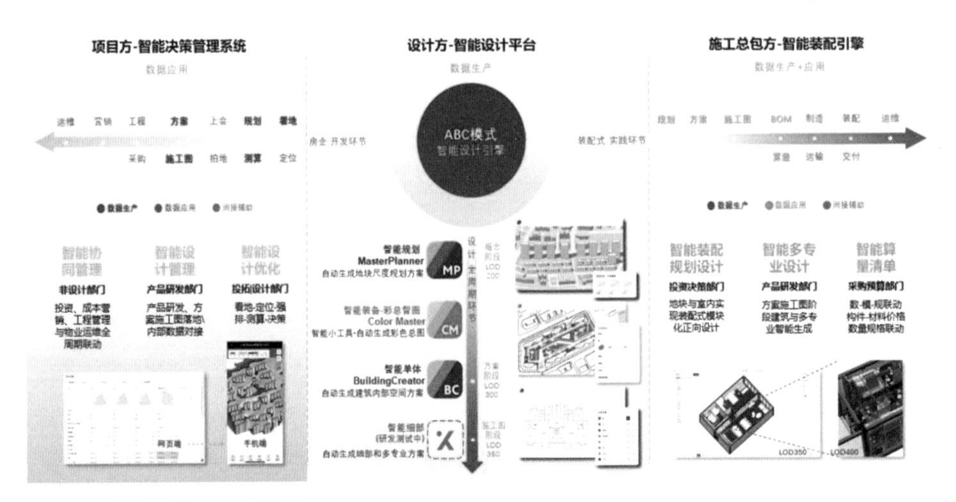

图 1-7 小库 AI 设计原理（续）

在深化设计过程中，运用 BIM 工具（Revit 与 DFC）对建筑、结构、机电、内装、幕墙五大专业进行设计的同时，出具部品构件的详细工法图、生产图与施工图。

Revit 是 Autodesk 旗下的专业 BIM 软件，其强大的族库是方案成模的核心，可实现建筑设计从平面与线条到 3D 与体块的转型。

DFC 是基于 Sketchup 模型绘制软件二次开发的设计辅助插件。DFC 将标准部品形成可在 BIM 软件中直接生成的体块，在项目中实现了机电与暖通的快速成模（见图 1–8）。

建筑部品数据库在本课题中为深化设计提供了构件数据、材料信息与详细构造信息，为设计人员提供了用料参考。项目文件以模型的形式在云平台呈现，同时可在线 3D 预览查看与剖切。在数据资料库中也可搜索到相关部品模型的 .rvt 模型文件与 .dwg 的详细 CAD 构造图。随着装配式与模块化建筑逐步向工业化、标准化的进程发展，数据库中的每一个部品模型也将具备标准的模数尺寸规格，从数据库中选择与建筑相对应尺寸的模型进行下载，其模型将可直接用于 BIM 模型搭建（见图 1–9）。

图 1-8　DFC 辅助设计

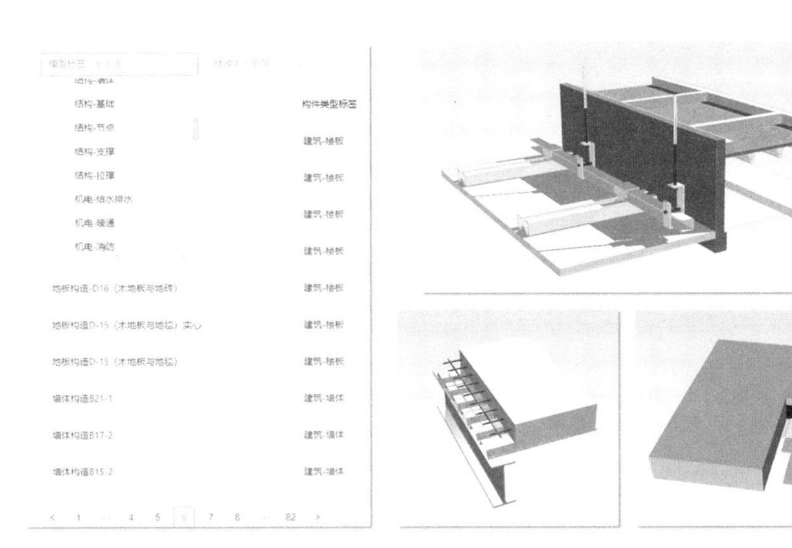


图 1-9　建筑部品构件数据库

## 五、全过程数字化协同云平台应用

在试设计阶段，钢结构箱式模块和装配式钢结构的 BIM 模型依据工业化建筑产品分类与编码标准所形成的部品构件数据族库可为后期类似项目的规划与正向设计提供数据支撑（见图 1–10）。

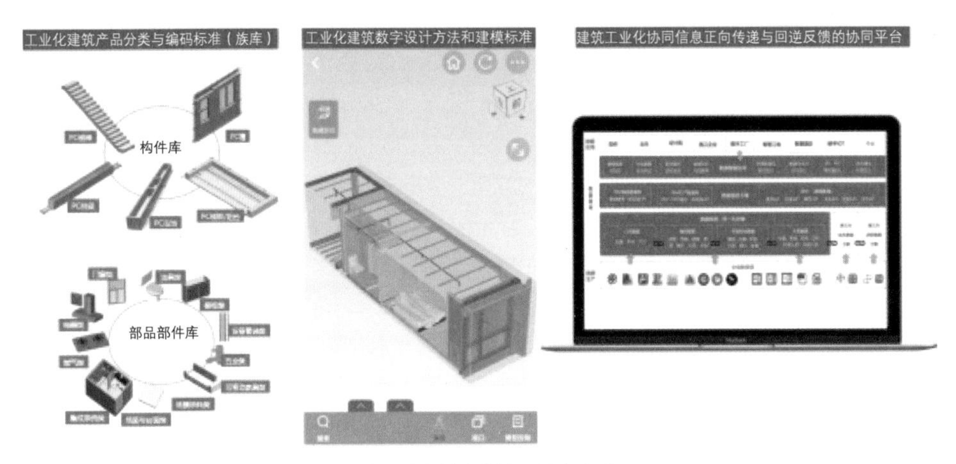


图 1–10　工业化建筑产品编码、数字设计标准与数字化协同平台应用

所有参与研究的单位全过程都在数字化协同平台（建筑协同云平台）共同工作，各专业人员将 CAD、SketchUp、Revit 等工程设计软件的设计数据文件实时上传，研究人员对这些设计数据文件与模型进行访问、存储和管理等工作。不论团队成员在何时何地、任何设备上都可随时访问，无需大量下载，便可查看设计资料的更改历史，直接从驱动器运行模拟，做到所见即所得。整个研究团队可同时使用云桌面界面沟通进行会话，数据将自动整合汇集到一个指定中心位置，构建共享知识库（见图 1–11）。

建筑协同云平台使得研究团队能够在数字化设计、智能化生产、扫码施工装配的虚拟建造全过程中，实现数据的正向传递和逆向反馈（见图 1–12 ~ 图 1–14）。

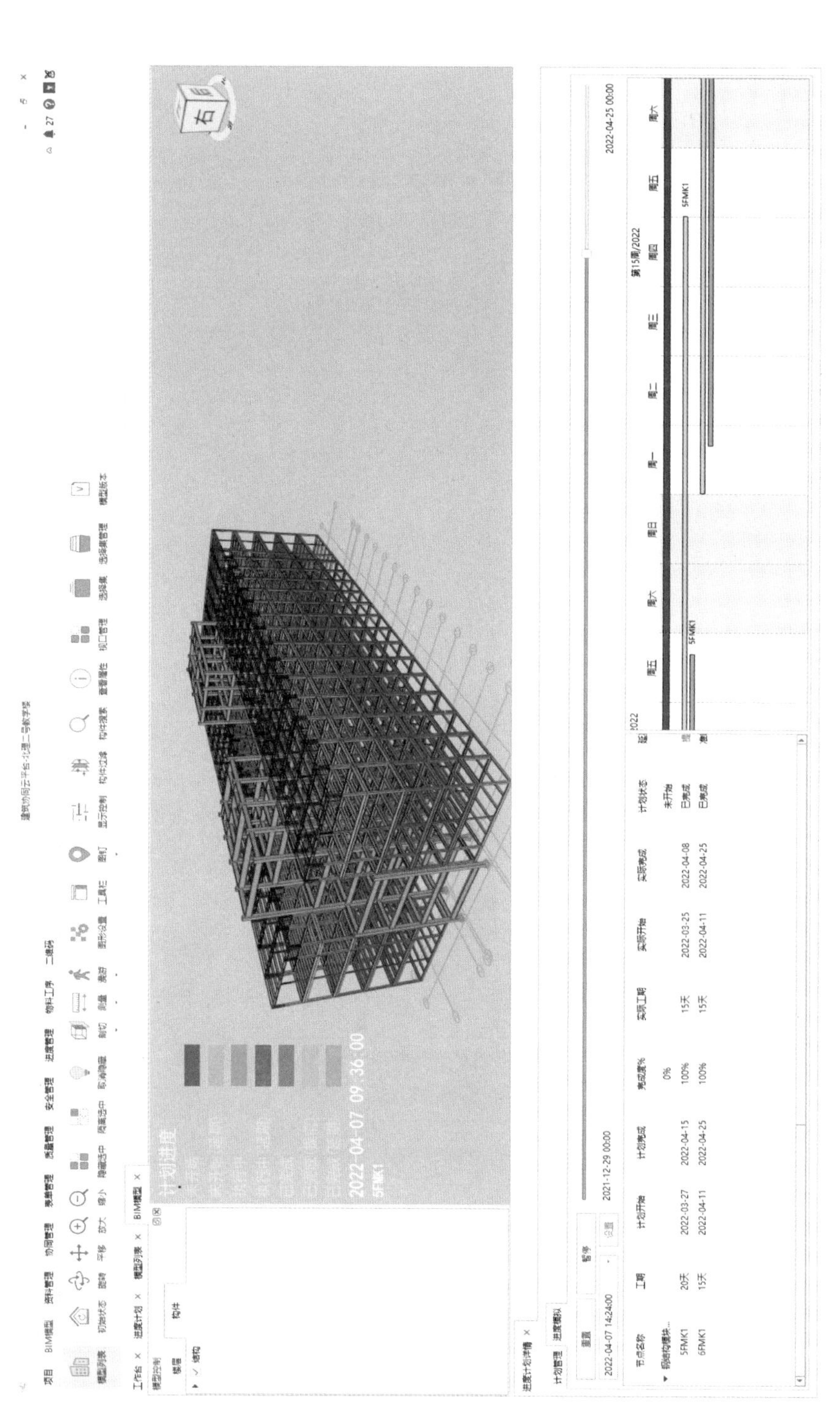

图 1-11　并行协同工作方式

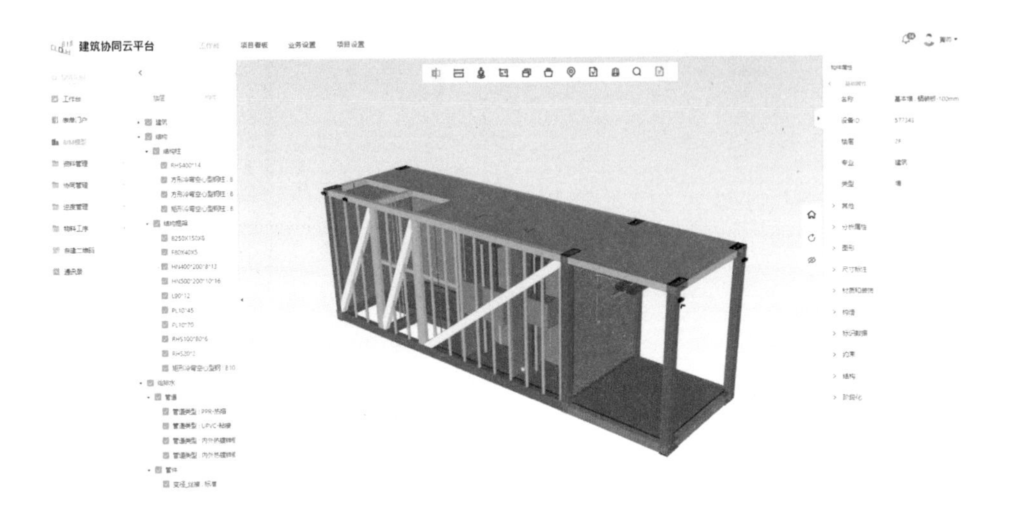


图 1-12　部品数据族库

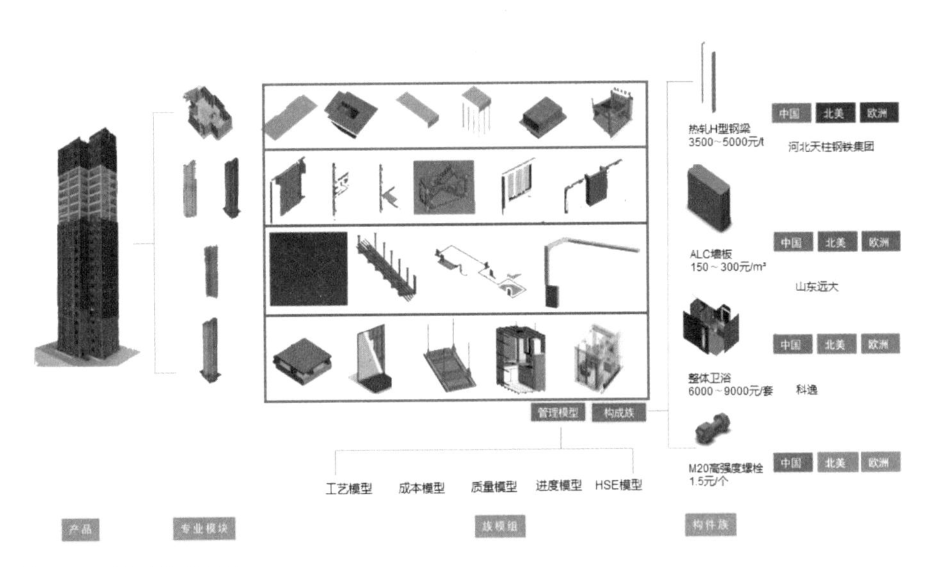


图 1-13　世拓部品库编码

图 1-14　扫码装配

在云平台的基础上，研究团队构建了各专业模块集成规则，实现了建筑全产业链的管理接口和技术接口的互通互联。

结合数字化设计与云协同管理，致力于实现正向设计，一键成模，同步碰撞检查，快速导出 BOM 清单，算量出造价，实现集采配送和施工建造全过程的数字化管理。

# 第二节　组织架构

## 一、组织架构图

组织架构图见图 1-15。

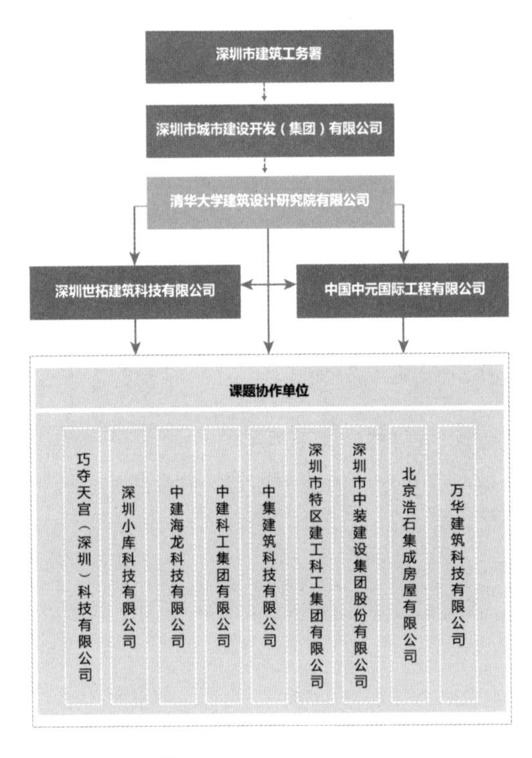


图 1-15　组织构架图

## 二、工作模块分工

（1）清华大学建筑设计研究院有限公司：负责总协调、各工作模块集成、文本总编和概算分析。

（2）深圳世拓建筑科技有限公司：负责数字化协同平台搭建、数字化建模总协调、钢结构技术支持、现场调研总协调、调研报告及相关工作模块报告撰写。

（3）中国中元国际工程有限公司：负责文本架构总编、装配式混凝土技术体系研究、相关工作模块报告撰写。

（4）巧夺天宫（深圳）科技有限公司：负责两个项目四个专业四种建造模式的八个数字化模型搭建、工程量清单、概算和调研报告撰写。

（5）深圳小库科技有限公司：负责平台数字设计模块搭建、AI总图设计、前期数据分析和相关工作模块报告撰写。

（6）中建海龙科技有限公司：提供多层酒店技术图纸、模块生产、运输及安装技术资料，负责相关工作模块报告撰写。

（7）中建科工集团有限公司：提供多层酒店设计图纸、项目介绍，负责协助现场调研。

（8）中集建筑科技有限公司：提供模块生产、运输及安装技术资料，负责相关工作模块报告撰写。

（9）深圳市特区建工科工集团有限公司：提供预制构件生产、运输及安装技术资料。

（10）深圳市中装建设集团股份有限公司：提供装配式装修的设计、生产、运输及安装的技术资料，负责相关工作模块报告撰写。

（11）北京浩石集成房屋有限公司：提供模块生产、运输及安装技术资料。

（12）万华建筑科技有限公司：提供模块生产、运输及安装技术资料。

# 第二章

# 调研与问题归纳

第一节　调研

一、项目一：多层酒店
二、项目二：多层教学楼

第二节　问题归纳

一、工业化初心的迷失
二、系统性思维缺失
三、产品化思维缺失
四、组织和管理模式问题
五、成本问题
六、人才问题
七、数字化转型问题
八、验收交付问题

# 第一节 调研

## 一、项目一：多层酒店

多层酒店见图 2-1。

图 2-1 多层酒店

工程地点：深圳市宝安区。

建设单位：深圳市建筑工务署工程管理中心。

总包单位：中建科工集团有限公司。

结构形式：叠箱结构钢结构集成模块建筑体系。

建筑面积：12545.50m$^2$。

建筑层数：7 层。

建筑高度：24m。

安装周期：45 天。

工程预算：主体部分为 10507 万元、精装部分为 3247 万元，合计 13754 万元，单价 10963 元 /$m^2$。

管理模式：IPMT。

## 二、项目二：多层教学楼

多层教学楼见图 2–2。

图 2–2　多层教学楼

工程地点：深圳市龙岗区。

建设单位：深圳市建筑工务署工程管理中心。

总包单位：中国建筑一局（集团）有限公司。

结构形式：框架结构、框剪结构。

建筑面积：5750.75m$^2$。

建筑层数：5 层。

建筑高度：20m。

工程预算：土建工程为 1302 万元、安装工程（强弱电、给水排水、消防及通风空调）为 441 万元，共计 1743 万元（未含室外工程和配套工程），单价 3031 元 /m$^2$。

管理模式：传统总包。

# 第二节 问题归纳

研究团队通过对行业主管部门、项目现场、设计企业、总包单位、部品生产企业的调研，归纳了下述问题。尽管样本数量不足，但仍具备行业的代表性。

## 一、工业化初心的迷失

对建筑工业化的初心缺乏深层次的理解，过于关注“装配率”等浅层问题，认为高装配率就代表了建筑工业化。没有认识到“提高品质、提高效率、节材省工、节能减碳”（“两提两节”）才是建筑工业化的根本目的。

## 二、系统性思维缺失

从主管部门到企业，对建筑工业化的认知仍局限在结构体系的装配中。认为只要实现结构部品的预制和现场的装配就是工业化，对建筑的认知尚没有上升到系统的层面，还没有建立起完整的建筑工业化体系。因而，建筑、结构、设备、装修各专业以及设计、制造、运输、安装、运维全产业链，各自为战、信息不通、内耗严重，未能体现出“整体大于部分之和”的系统性优势。

以多层酒店项目为例。钢结构箱式模块在工厂的生产阶段呈现的是高效而有序的大工业流水作业方式，但工厂内的室内装修集成和现场模块的安装仍表现出了明显的系统性管理问题，因安装效率低下造成了高昂的人工费用。

## 三、产品化思维缺失

项目建设仍然遵循建筑设计→制造拆图的串行作业流程，还没有进化到用标准化部品组合成建筑的工业化生产阶段。

制图标准没有参照机械制图标注方法，缺乏制造公差和安装公差等重要的工业化数据信息。

## 四、组织和管理模式问题

由于缺乏系统性思维，没有把建筑当成一个完整的产品。因此大部分 EPC 项目实际上不过是建筑设计、采购和建造各专业的简单堆砌，仍然沿用了分段式、碎片化的传统组织和管理模式。设计阶段没有采用 DFX（Design for X）设计方式，即基于全产业链各环节影响因素的设计方法等并行工程关键技术，EPC 模式的优势无法充分发挥，因而也无法实现“整体大于部分之和”的目标。

## 五、成本问题

工业化建筑的制造精度已经从厘米级提高到了毫米级，建筑产品的品质也因此得到了极大的提升。品质的提升必将带来制造成本的升高，因为品质与成本是相辅相成的。同时，产品化程度的提高，也必然带来运输成本的提高。例如，三维模块部品的运输成本必然大于散装建材的运输成本。但是建筑的定额造价并没有相应地提高，也没有考虑到由于建筑品质的提高实际上使得建筑全生命周期成本反而下降了。但因品质提升造成的成本增量无法在概预算中列项，因此无法在竣工时结算，成本问题使企业丧失了工业化的动力。

## 六、人才问题

目前建筑行业面临着全产业链人才缺乏的问题，具体表现在以下几个方面：

（1）缺乏既懂管理又懂技术的全能型管理人才。

（2）缺乏全面了解产业链技术体系的设计人才。

基于以上两点，也就无法实现真正的全过程工程咨询和 EPC 模式。

（3）生产与施工阶段产业工人严重缺乏。由于对建筑工业化认知程度不足，行业内还没有形成对产业工人的需求共识，仍然有人认为可以用进城务工人员解决生产和安装的问题。由于劳动力成本高涨，而用工需求没有达到长期而稳定的状态，因此企业不敢培养和雇用产业工人；同时，由于市场需求不稳定，建筑行业相关的技术院校也缺乏工业化方向的专业设置。所以，企业和学校两方面共同导致了产业工人缺乏来源。

## 七、数字化转型问题

（1）建筑行业内把数字化和信息化、智能化混为一谈，没有认识到数字化的根本目的在于实现全产业链的重构。这个重构有两层含义，一层含义是建筑业内部管理体系和产业链的重构；另一层含义是建筑业与制造业、信息行业等所有相关行业的整合。

（2）业内对 BIM 的认知仍停留在“模型”的层面，还没有做到真正的 BIM 正向设计，因此无法展现基于数字仿真的“模拟择优法”相比于传统的“试错法”之间巨大的综合优势。对于具体项目而言，由于无法重现和验证 BIM 前期投入对后期项目建造过程所产生的效益，因此业内对 BIM 的正向应用持否定态度。以多层酒店项目为例，仍有大量的管线交叉碰撞遗留到了现场解决，没有真正实现“虚拟建造”，使现场出现了大量的窝工现象。

（3）基于数字化的工业化建筑产品分类和编码标准尚不成熟（设计单位和工厂的识图方式不同），还没有形成产品化的技术体系，也造成 BIM 正向设计推行困难。

## 八、验收交付问题

按照工程分阶段付款的方式已不符合工业化产品的生产方式，偏重于过程管理而不是结果管理的工程管理思维导致了碎片化、分段式的现行管理模式，大部分装配式项目的验收仍沿用传统的管理模式，没有建立起基于建筑工业化体系的产品化验收标准体系。

以上归纳的问题，暴露出行业内在建筑工业化理论体系与实践相结合的研究方面，仍有很长的路要走。

因此，我们的研究先从概念的梳理开始。

# 第三章

# 概念梳理

## 第一节 建筑工业化

建筑工业化是在建筑行业中以现代化的、高效率的建造方式取代传统的、以手工操作为主的低效率的建造方式的过程。

建筑工业化的目的，是在建筑的设计、建造、运行及拆除后循环利用的全生命周期中，在节材省工、节能减碳的前提下，以及符合建筑经济、适用、绿色、美观的要求下，高效地生产、建造和运营高品质的建筑。

建筑工业化的初心是“提高品质、提高效率、节材省工、节能减碳”，是“好、快、省”地进行建设和运营（见图 3-1）。

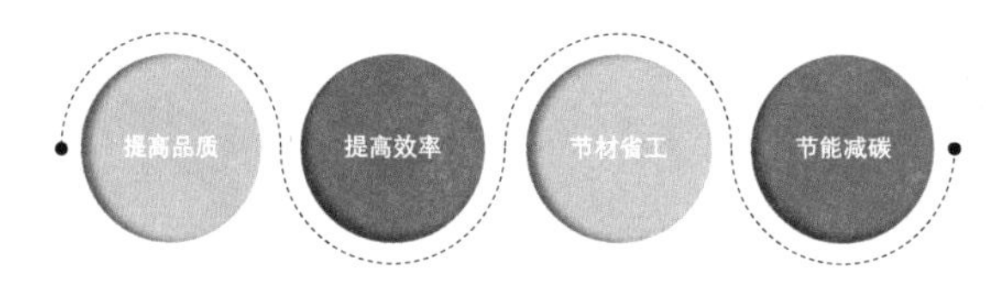


图 3-1 建筑工业化的初心

建筑工业化技术体系包括了现浇技术、装配式技术、3D 打印技术等多种技术体系，因此不能以装配式建筑取代建筑工业化，也不能简单地说现浇技术就是传统建造模式。本研究拟采用的工业化建造模式包含以下四种技术体系：

（1）结构与建筑围护体系采用钢结构箱式模块化叠箱 + 钢框架结构体系。

（2）结构与建筑围护体系采用钢框架结构 + 轻质板材围护结构体系。

（3）结构与建筑围护体系采用预制混凝土框架结构体系，预制构件包含预制外墙挂板、预制叠合楼板和预制楼梯。

（4）现浇混凝土框架技术体系。

## 第二节 高品质建筑

建筑工业化的目的并不是追求高技术，而是建造高品质建筑。国内目前还没有针对高品质建筑的定义，但我们认为绿色建筑的定义可以很好地诠释高品质建筑。

绿色建筑是在全生命周期内，在节约资源、保护环境、减少污染的前提下，能够为人们提供健康、适用、高效的使用空间，最大限度地实现人与自然和谐共生的高质量建筑。绿色建筑必须符合安全耐久、健康舒适、生活便利、节约资源、环境宜居五类性能指标要求（见图 3-2）。

图 3-2　绿色建筑的评价指标体系组成

建筑的使用者对高品质建筑的具体感受包括：室内空间布局合理、室内功能动线设置顺畅、设施设备齐全、材料经久耐用、气密水密性高、保温隔声性能好、有良好的自然光照和自然通风等。以上这些感受需要通过高标准的建筑设计和建造过程才能实现。

在传统建造模式下，只有当工人具备良好的职业精神和熟练的手工技艺时，才有可能建造出高品质建筑，因此传统建造模式不能大批量地生产高品质建筑。目前，我国的城市化仍处于高速发展阶段，对大批量生产房屋的需求依然强劲，但也暴露出了许多问题：一方面，依赖几百万包工头加几千万进城务工人员的传统建造模式会出现建筑品质和效率低下的问题；另一方面，现代建筑在结构、建筑、设备、装修、数字化、智能化等方面的发展日新月异，各专业、各工种之间的配合和协同更为紧密，使得建造过程变得更为复杂。因此，亟需在系统性思维的指导下，建立工业化的管理体系和技术体系，摆脱对手工技艺的依赖，实现大批量、高效率地建造高品质建筑的目标。

## 第三节　工业化建造与建筑成本

在建造高品质建筑过程中，还要实现建筑全生命周期内的“两提两节”，即“提高品质、提高效率、节材省工、节能减碳”。

但特别需要注意的是，“两节”并不能等同于降低成本。

首先，对于所有的制造产品而言，成本和品质都是相对应的，高品质必然对应高成本，物美价廉是不存在的。其次，针对建筑产品而言，不能把高房价等同于高成本，要把建安造价和房价区分开来。

在建筑工业化领域流行的一句话叫作“像造汽车一样的造房子”，应该如何理解这句话？我们先从制造成本的角度，将汽车制造和住宅建造做个比对。

以一辆日产大发牌房车为例，因其具备了居住功能，所以其制造与住宅的建造可以进行类比。

大发房车的售价为 23.47 万元，其制造成本加利润约占售价的 60%，即 14.08 万元。这个数字相当于建筑的建安造价。大发房车的尺寸为长 4.2m、宽 1.7m，面积为 7.14m$^2$；室内高 1.9m，体积为 13.57m$^3$。则大发房车的平面造价为 19720 元 /m$^2$，空间造价为 10376 元 /m$^3$（见图 3–3）。

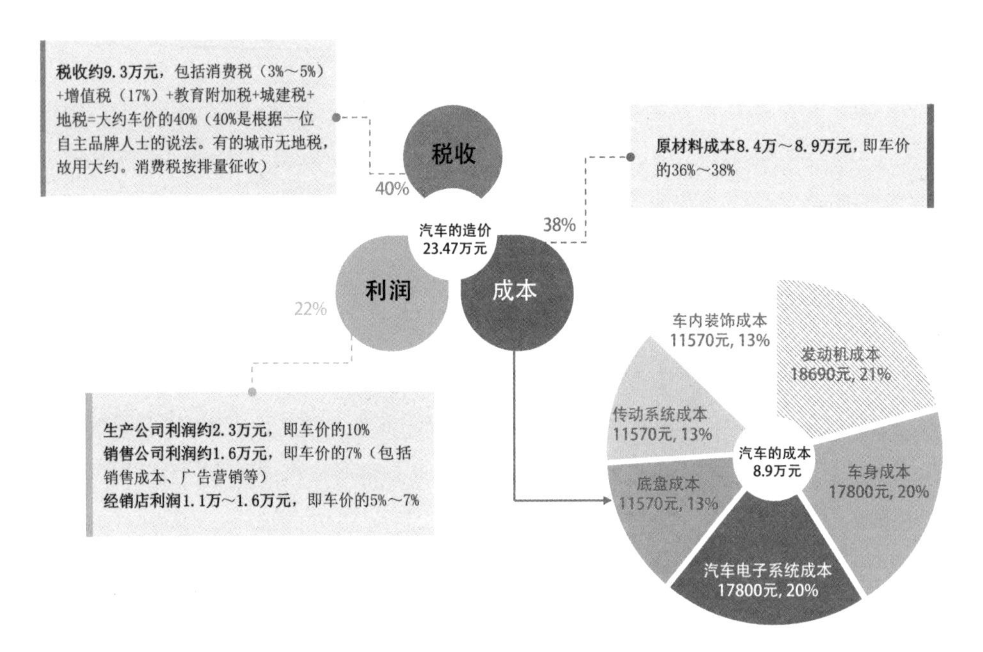


图 3–3 汽车造价组成

一栋普通住宅 ±0.000m 以上的楼面建安造价按照 7000 元 /m$^2$ 计算，其中包含了建筑、结构（装配式）、设备、装修等各专业的综合成本。地下室造价一般为 5000 元 /m$^2$，地下室的建筑面积按照经验值估算，约为地上建筑面积的 50%。将地下室的造价折算至地上楼面，则地上楼面综合造价约为 10000 元 /m$^2$，与房车相差 1 倍。将住宅的层高按照 3m 计算的话，则住宅的空间造价约为 3300 元 /m$^3$，与房车相差约 2 倍（见图 3–4）。

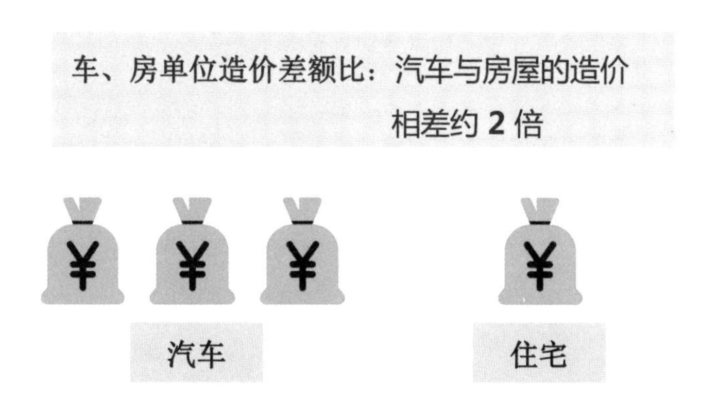


图 3–4　汽车与住宅造价对比

但是，汽车的使用寿命只有 10 年，而住宅的使用寿命却是 50 年，相差了 4 倍！汽车的造价高，寿命短；建筑正好相反，造价低，寿命长（见图 3–5）。

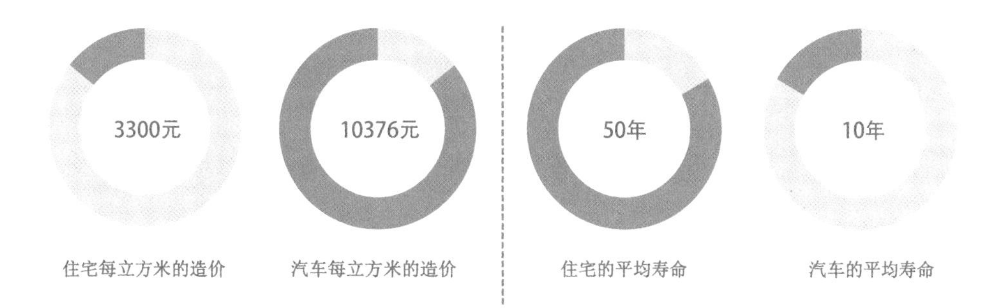


图 3–5　汽车与住宅造价和寿命对比

汽车的高造价使其制造精度达到了忽米级（cmm），即百分之一毫米。而以手工为主的建筑施工精度为厘米级，工业化建筑的施工精度可达毫米级。即，汽车的制造精度是装配式建筑的 100 倍，是传统建筑的 1000 倍。

一辆合格的房车应具备如下品质：

（1）安全性能高：在交通事故发生时保障人的安全。

（2）优异的挡水性能：无论多大的暴雨，在静止和行驶的状态下，绝不能漏雨。

（3）优异的气密性：无论刮多大的风，车内不会漏风。

（4）良好的保温隔热性能：在没有使用空调的情况下，仍能使车内保持一定的温度。

（5）符合人体工学的车内空间尺度：虽然车内空间狭小，但仍可以保证室内活动的需求。

（6）符合人体工学的车内家具：座椅可以保证长时间坐着不会难受。

（7）运行良好的空调系统：保证车内恒定的舒适温度。

（8）先进的智能终端系统：例如自动驾驶功能、防撞功能以及保障车内的空气、温度、声、光环境等舒适功能始终处于舒适状态。

（9）能够以 100km/h 以上的速度行驶。

一栋每平方米售价几万的普通住宅，最起码应该具备与房车同样的品质。这样的比较得出一个结果，就是应该大幅度提高建安造价，同时还应大幅度提高建筑的精度标准。

因此站在成本的角度，“像造汽车一样地造房子”应该理解为，要用与汽车制造相当的成本才可能造出像汽车一样高品质的建筑。

但建筑成本始终受限于建筑定额。政府投资项目完全按照建筑定额进行预决算，而民间投资的项目又以建筑定额作为参考依据。目前执行的建筑定额初定于 1955 年，是符合当时计划经济体制的管理办法。随后预算定额的编制和管理工作逐步下放到各省、自治区、直辖市，例如北京市于 1996 年制定了 96 概算定额，时隔八年后制定了 04 概算定额，时隔十二年后又制定了 16 概算定额。但定额的调整依旧无法适应市场的变化。

以 2022 年 4 月 15 日中国建设工程造价信息网发布的北京市建筑工程人工工日单价为例（见图 3-6）：最低价为 127 元，最高价为 143 元（不含五险一金）。通常情况下，一个工人日工资按照 2 ~ 3 个定额工日来计算，即最低日工资为 254 元，最高日工资为 429 元。

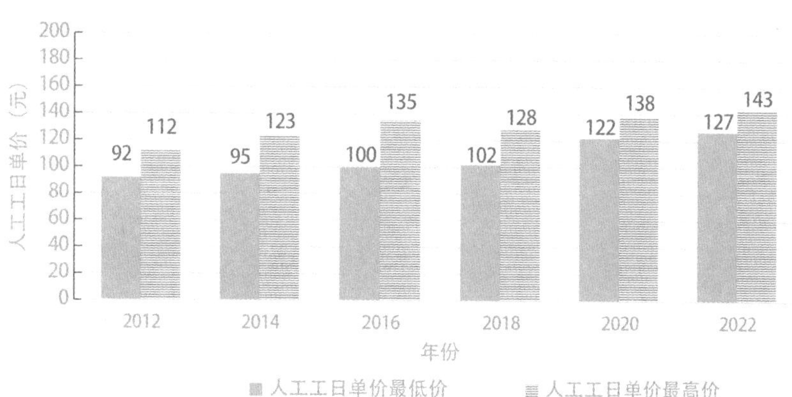


图 3-6 近十年工人劳动收入对比

但实际情况是，泥瓦工两夫妻日工资已达到 1500 元，人均 750 元。人工成本的实际支出和定额之间产生了 321 元的差价。材料采购也存在同样的情况，即市场指导价低于实际购买价。人工和材料成本的差价，势必挤占依据定额计算出的利润。

在利润已经偏低的情况下，建设项目一方面不得不按照定额进行招标投标、概算、预算和结算，另一方面又被各种程序漏洞和管理问题浪费了大量的成本，最终只能以较低的品质完成项目，整个行业陷入恶性循环。

如果没有足够的利润，就不可能生产出高品质的产品，更不可能投入资金进行技术研发，技术进步就无从产生。这就是为什么建筑行业的工业化水平在整个国民经济的所有行业中，始终处于最低水平的原因。

从全生命周期角度看，一栋建筑的总成本由直接成本和间接成本构成。

（1）直接成本：即建安成本。

（2）间接成本：

1）时间成本：项目建设周期越长，其时间成本也就越大。

2）资金成本：指借贷的利息。项目建设周期越长，其资金成本也越大。

3）维护成本：项目竣工后直至拆除前的维护费用。

目前建筑行业对成本的认知仅局限于直接成本，过于看重建筑的初始投入，一味地在建设初期压低建安成本。但从建筑的全生命周期角度看，提高直接成本未必就会提高总成本。

提高直接成本带来的好处是：

（1）产品制造精度大幅度提升，产品品质提升，客户满意度提高，客户愿意为高品质买单。

（2）产品寿命延长，例如住宅的平均寿命可以从 50 年变为 100 年，从建筑全生命周期角度看，其建安造价实际上节约了 50%。

（3）产品品质提升了，其维修费用自然就降低了。

（4）企业有了足够的利润，投入科研的费用增加，企业的核心竞争力提高。

（5）企业拥有足够的利润，就愿意花钱培养自己的产业工人，产业工人的专业化和职业化水平提升了，产品品质也相应地进一步提高。企业的经营进入良性循环。

（6）行业从业人员收入普遍提升，又将带动相关行业的投资和消费，从而促进整体国民经济的发展进入良性循环。

以上分析说明，当以提高产品品质为目的而增加前期一次性投入时，反而可以减少全生命周期的直接成本和间接成本。

目前，中国一、二线城市的房价已经与国外发达国家不相上下，但是其建安造价却相对低很多。

例如日本的一户建，以轻钢密肋结构形式建造，其建安造价在 10000 ~ 20000 元 /$m^2$ 之间（见图 3-7）。

图 3-7 日本一户建展示

日本一户建的建安造价组成中，材料费与中国的相近，但是人工费却远大于中国。根据 SALARY EXPERT powered by ERI，日本一个具备 8 年工作经验的技术工人年薪为 497 万日元，相当于人民币 24.5 万元。人工费占比较大意味着从业人员收入高，收入高其消费能力就强，经济发展就能形成良性循环。

根据CREIS中指数据的统计，中国一、二线城市主要房企2020年新增综合用地（含住宅）规划建筑面积约 2 亿 $m^2$。假设建安造价增加 2000 元 /$m^2$，则每年将为全国建筑行业增加 4000 亿元收入，同时又将拉动相关行业的投资与消费。

对于一、二线城市的房价而言，建安造价增加 2000 元 /$m^2$ 对市场销售的影响不大，但对建筑品质的影响却是巨大的。其预计结果如下：

（1）装配率提升至 60% 以上。

（2）建筑精度提升至毫米级。

（3）适度采用被动式技术，绿建标准达到三星。

（4）节能标准可达 85% 以上。

（5）设备管线寿命延长一倍以上。

通过提升建筑品质，延长寿命，才能真正实现可持续发展。

## 第四节 系统性思维

早在 2000 多年前，亚里士多德就将系统学的精髓凝练为“整体大于部分之和”。针对房屋建造，所谓“整体大于部分之和”包含了如下含义：

（1）一栋房子是由建筑材料构成的地面、墙体、屋顶围合形成的若干功能空间，它产生了一个新的功能——供人们居住使用，绝不是一堆建筑材料的简单堆砌。这种集成后产生新功能的现象在系统学上称为“涌现”。

（2）结构是安全的。

（3）这栋房子应该能够遮风避雨，而且冬暖夏凉。

无论是采用传统的建造模式还是采用工业化的建造模式，一栋房子的建造都必须实现“系统性集成”，否则就不可能实现“整体大于部分之和”的目的，也就不能称之为房子。把一栋建筑当作一个完整的产品来看待，是系统性思维在建筑行业的具体表现。

当小批量建造房屋时，传统建造模式可以实现高品质。但如果想要又快又好地大批量建造高品质的房子，就需要采用工业化的方式将房子系统性地分解成若干模块，在工厂加工后运至施工现场进行集成。模块的分解方式取决于模块的分类。

## 第五节 模块化系统

模块化是建立工业化体系最有效的技术手段（引自《设计规则：模块化的力量》卡丽斯·鲍德温、金·克拉克著）。

## 一、模块的定义

模块是一个单元，其单元内部的结构要素紧密地联系在一起，而与其他单元内部结构要素的联系相对较弱。复杂系统的管理可以通过将系统分割成相对简单的子系统，然后进行分别处理来实现。当系统要素的复杂性超过了特定限制，可以将这种复杂性分离抽象出来，作为独立的具有简单界面的一部分。

## 二、模块的分类

模块并非仅仅是一个物理意义上的三维体块，它可以是任意形状的，甚至可以是无形的。比如 WiFi 系统就可能是由一个发射台加上电磁波组成的，亦或是由网线 + 路由器 + 电磁波组成的。我们把模块按照如下方式分类：

1. 功能性模块

（1）建筑模块：围护系统、外装修等，如外墙、隔墙等。

（2）结构模块：由梁、柱、剪力墙组成的结构系统等。

（3）设备模块：空调系统、强弱电系统（例如供电系统、WiFi 系统等）、给水排水系统等。

（4）内装模块：墙、顶、地、厨房、卫生间等。

2. 空间模块

（1）零维模块：固定装置，如螺丝、螺母等。

（2）一维模块：梁、柱等杆件。

（3）二维模块：整体楼盖、墙体、屋顶等。

（4）三维模块：集装箱式建筑等。

## 三、模块化的定义

将一个复杂系统按计划分解为一系列相对简单的、独立的子系统，这些子系统统称为模块，然后再将模块按照一定规则组装成一个复杂系统的过程就是模块化。模块化是一种特殊的设计结构，其参数和任务结构在模块内是相互依赖的，而在模块之间又是相互独立的。模块化包含了两个相反的过程——分解和集成，模块的分解过程就是建立模块集成的设计规则的过程。

## 四、设计规则的定义

每个模块的分解及设计必须遵守某种共同的规则，以保证这些模块能够和谐地组合成一个完整的复杂系统，这个共同的规则就是设计规则。每个模块的设计必须遵循某种明确的规则，以保证这些模块能够构成一个和谐、完整的系统，以实现“整体大于部分之和”的目标。这类明确的设计规则就组成了产业标准，因此制定设计规则的过程就是制定产业标准的过程。

设计规则的组成：

（1）设计架构：即系统的各部分是何种模块，它们扮演什么角色。

（2）界面：描述不同模块之间如何相互作用，包括它们之间如何匹配、连接、传递信息等。

（3）集成规则：安装系统的方法以及决定系统如何运行。

（4）测试标准：决定模块是否符合设计规则的标准。

## 五、模块化系统的优点

模块化系统通过模块的组合和搭配，在某一特定条件下可以实现系统最高价值的配置。系统设计者不必确切地知道模块内部是怎样设计的，只需要大致地知道模块会做什么，模块是如何装配的，以及什么样的模块才具备好的性能。模块内部的设计细节由下一个层级的设计者决定。这样，多个模块可以并行设计，实现最高的效率。

## 六、模块化设计的功能

1. 模块化设计创造了选择权

当设计规则以集中式的、自上而下的方式进行设定时，每个模块只要遵守共同的设计规则，模块内部的设计就能以分散化的方式相互独立。这就使得每一个模块能够同时以多种方式而不是单一方式进行设计，然后从中选择最好的设计构成最终的产品系统。整个系统的改进可以通过各个独立模块的改进或用更好的模块替代，实现这种改进方式产生了联系松散且纵向分散的“模块族群”，这些模块族群由统一的设计规则（产业标准）进行联系。模块化设计创造了选择权，促进了市场竞争，使得行业可以形成良性发展的态势。

2. 模块化设计可以演进

通过分割，模块可以被进一步细分；通过替代，模块可以得到改进；通过扩展，可以创造出新的模块；通过排除，新的系统可以被试验；通过归纳，多余的系统可以被合并为单一模块；通过移植，系统可以借助共同的模块联系在一起。

## 七、模块化的目的

模块化的最终目的是获取生产的规模和范围优势。同种类型模块的模块化可以支持“大规模定制”，从而能够以大规模生产的成本来实现更高水平的多样化。

## 八、模块化的作用

（1）模块化提高了复杂性的“可控”范围。通过限制模块之间交互作用的范围，模块化可以减少设计或生产过程中发生循环的次数，缩小发生循环的范围，从而缩短设计和生产的时间。

（2）模块化使大型项目的不同部分可以同时进行设计。模块化任务结构中的不同独立模块可以同时进行设计，这就是并行工程。并行工程所节省的时间和上述循环中节约的时间加在一起，将节约非常可观的时间成本。

（3）模块化可以包容不确定性。模块化设计的独特性是它将设计参数分为可见参数和隐藏参数两类。隐藏参数对其他模块来说是独立的，是可以改变的。如果后续出现新知识，其可使模块的设计得到更好的解决方案，可以直接将新方案纳入系统，同时不影响系统的其他部分。

# 第六节　建筑工业化的主要特征

建筑工业化的主要特征包括“五化、四性”，如图 3-8 所示。

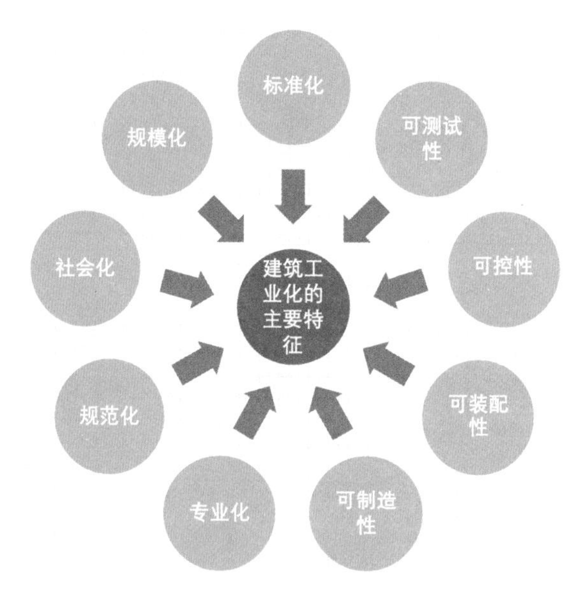


图 3-8　建筑工业化的主要特征（五化、四性）

## 一、标准化

建筑的标准化不能简单地理解为标准平面图。以集合住宅项目为例，由于每个建设用地的条件不同，如地块形状、规划条件（容积率、建筑密度、绿地率、日照、限高等）不同，以及设计水平、公摊面积等不同，造成相同建筑面积的户型会产生不同的使用面积。不同的使用面积意味着套内户型长宽尺寸不相同，即套内户型不可能标准化，当套内户型无法标准化时，户型和楼栋的设计标准化也不成立。

建筑是一个复杂系统，建筑标准化是建筑全产业链的标准化，即从设计、制造、运输、安装直至运维的标准化。首先，在设计层面采用模块化的方式将建筑分解成多层级而又相对简单的子系统，从而形成一系列标准化的模块族群。这些模块族群就是标准化的部品和产品。随后，建筑的建造过程则是在一系列标准化的模块中，选择适合的模块组合成一个多样化的系统。

标准化的部品和产品模块可以形成大规模批量化生产，从而可以在提高品质和效率的基础上，降低生产成本。

所以，标准化的最高形式就是模块化。

## 二、规模化

在标准化的基础上才可以实现规模化。一般情况下，异形部品的制造成本较高，但如果生产批量足够大，其制造成本仍然可以大大降低，此时也可以将其视为标准化的部品。所以，标准化不能简单地理解为外形规整。但是，异形部品在运输和安装过程中，如果需要采用专用的运输和安装工具，则会提高后续建造过程的难度，进而降低运输和安装的效率，也意味着提高了整体建造成本，也就违背了建筑工业化的初衷。所以一般而言，部品的外形仍需要尽量规整。

需要注意的是，规模化是指大批量生产，是实现全产业链的规模化，并不等同于单一企业规模的大型化。要克服对大企业的盲目崇拜，通过更分散、更有效的生产方式，以鼓励全社会通过共同参与竞争的方式整合来自底层的创新和竞争。

## 三、社会化

社会化是指在部品的生产过程中采用更加有效的分散加工的方式，然后运送至施工现场再完成集中装配。社会化生产为跨行业整合产业链创造了条件。由于建筑行业几乎与所有行业都产生关联，因此在整合产业链的过程中随时都会产生新的业态。例如，制造业与建筑业的整合产生了部品生产行业，信息业与建筑业的整合产生了数字化设计和建造等。社会化生产遵循优质低价的市场规律，使得大企业无法垄断所有部品和产品的研发和生产，从而为中小企业的成长提供更多的机会。社会化不仅让行业产生了新的经济增长点，同时还创造了更为公平的竞争环境。

社会化是建立在模块化的基础上的，一旦系统确立了设计架构、界面、集成规则及测试标准后，模块就能够以分散化的方式进行技术演进。

## 四、规范化

在建筑全生命周期中，建立从设计到生产、安装直至运维全流程标准规范的过程就是规范化。可以将规范化看作是作业流程的标准化。这样，规范化一方面使得技术的传授可以采用现代化的教育方式进行，摆脱传统的师傅带徒弟的方式；另一方面也使得全流程的管理难度降低。

因此，规范化中也包含了简化的含义。

## 五、专业化

把产品的品质做到极致的过程就是专业化。瑞士的钟表业就是典型的模块化基础上的专业化，有的家族几代人只做机芯，做到任何人都无法超越的品质。把一件事情做到极致的过程，是品质不断提升的过程，同时也是技术不断演进的过程。

技术的演进包含了两层含义：

（1）模块本身的技术从低级向高级的迭代；

（2）模块之间的集成技术从低级向高级的迭代。

目前，人们对于专业化的理解普遍存在着两个误区：

（1）过度追求单一模块的高科技，而忽视了模块集成规则的系统性和适用性。

往往是一堆高科技模块的简单堆砌，最终组合而成的整体系统却表现出技术和品质两方面的低水平。这就是所谓的高技术低集成。

（2）把产品的高品质和高科技划等号，认为只有高科技才能实现高品质。其实，低技术的高集成同样可以产生高品质。技术演进的终极目标一定是高技术的高集成，但是由于现阶段受到各种客观条件的限制，因此可以从低技术的高集成逐步向高技术的高集成过渡。根据项目对品质、成本、工期等要求采用适宜的技术体系，是项目前期策划阶段技术策划的重要内容，但这部分工作往往被忽略。

### 六、可制造性和可装配性（DFMA）

DFMA（Design for Manufacturing & Assembling）意为“基于制造和安装的设计”，即在设计阶段应考虑制造和安装的可能性及成本。目前装配式建筑中普遍存在的问题，是在设计方案时不考虑如何制造和装配，而是等施工图完成后再找专业的拆图机构拆成构件加工图。由此造成了生产的非标准化、运输和装配的复杂化，使生产和安装的管理难度提升，最终提高了建造成本。

### 七、可控性和可测试性

产品化的重要标志，是产品在生产和装配的每一个阶段，其品质都是可控和可测试的，这样才能保证最终产品的品质。传统的建造方式很难进行过程控制，如何用工业产品的检测方法控制建筑部品在生产和装配的各阶段的品质，是建筑工业化亟待解决的难题。

## 第七节 BIM

BIM的英文全称是Building Information Modeling，其中Modeling是“模拟和建模”的意思，因此BIM的含义应该是建筑的模拟和建模的过程（引自《给建筑师的人工智能导读》，何宛余著）。但是国内翻译成“建筑信息模型”，仅强调了模型，而失去了模拟和建模的过程。

因此 BIM 的准确翻译应该是“建筑信息化模拟”。

BIM 的作用不是二维设计做完后再逆向建一个三维模型，而是在项目初期就组织全产业链各方以并行工程的模式，在三维模型平台上一体化地共同参与设计。

BIM 主要有四个方面的特征：

1. 一模到底，以虚控实

“一个项目、一个模型、一模到底”的“三一”理念是 BIM 的主要特征，目的是建立与实体空间相一致的虚拟空间数字模型。对于同一个项目，参建各方都基于同一个模型进行对话交流，模型上集成了建筑、结构、幕墙、机电安装、装饰装修、导视系统、成本造价等专业数据，模型数据信息、变更动态实时展示。从创建三维模型、进行碰撞检查到正向出施工图，以及空间漫游动画等功能的实现，都可以在一个模型上完成。

2. 项目全流程服务

BIM 的介入阶段越早，参与部门越多，效益就越高。通过协同设计工具，将建筑、结构、机电、装饰装修等专业进行有效协同，一体化并行设计，提前发现并解决“错、漏、碰、缺”问题。

在招标投标阶段，模型可一键导出工程量清单和物料表，配合企业定额，实现成本动态管控。最终实现设计、招采、成本三方联动，进行高效的决策。

在工程施工阶段根据模型可有效指导安装，确保一次机电、二次机电一次成型。通过梳理、检查建筑专业与机电专业的关系，结合精装修设计二次机电末端要求，可完成机电管线施工和二次机电末端点位精准化定位。

通过模型对设计变更可行性、优缺点、成本造价等信息进行即时分析，能够提供决策依据。

模型延伸至运维阶段，可实现利用效能最大化。模型不仅可以为智慧运维提供数据资产，而且竣工模型在运维阶段依旧能够继续发挥效能。若后期发生故障，能及时定位部品的型号、规格、尺寸、厂商和价格等信息。

3. 建筑协同云平台

项目各参建方基于建筑协同云平台可进行跨地区协同工作（见图 3-9）。其优势为数据持久性高，稳定可靠；支持加密、防盗链、权限控制等多种数据安全功能。传输数据量为千万级 TPS，最高可达 GB 级上传速度。

模型可针对各参建方开放不同的权限。设计院、BIM 单位作为创建者角色，其权限为创建模型，完善设计；施工单位、材料厂家作为关注者角色，开放浏览信息并批注的权限，参与项目建设；公司内技术部、工程部以及设计技术总工，第三方顾问公司，监理单位担任主要审核者，有模型及信息审核权；招采部、成本部辅助审核者，关注成本和物料信息。最终实现多公司、各部门、跨专业和全流程都基于同一个模型对话。

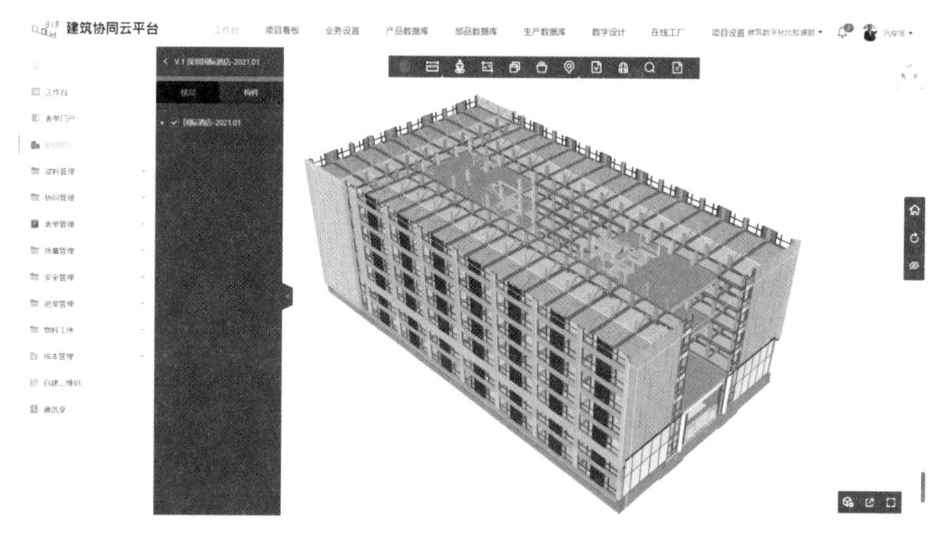


图 3-9 建筑协同云平台

云协同可以真正实现社会化大生产跨地域、跨行业的整合。

4. 数字能源建设

数字能源建设指的是物料数字库、工法标准库、企业定额库、图例模型库和企业模板库的建设。模型与数字能源体系联通，能持续优化设计结构，改进设计方案并降低材料用量。数字能源建设可长期优化部品的尺寸、结构、性能，降低加工成本和装配难度，实现部件的标准化和通用化，打造具有卓越竞争力的产业链生态平台。

Architect 在建筑界翻译成建筑师，而在软件行业则翻译成系统架构师。建筑业的数字化转型要求项目设计师兼具建筑师和系统架构师的双重设计责任，同时还要具备项目经理的管理责任，通过云平台实现远程协同管理和社会化生产。

BIM 是当今建筑师必备的工具，尤其是在建筑工业化的背景下，BIM 不仅是设计的工具，更是管理的工具。BIM 所搭建的三维工作平台是虚拟建造的坚实基础，也是建筑业数字化转型的基础。

# 第八节　并行工程

## 一、现代集成制造系统（CIMS）

CIMS（Contemporary Integrated Manufacturing Systems）是信息时代提高企业竞争力的综合性高技术。它将信息技术、现代管理技术和制造技术相结合，应用于企业产品全生命周期（从市场分析到最终报废处理）的各个阶段。通过信息集成、过程优化及资源优化，实现物流、信息流、资金流的集成和优化运行，达到人（组织、管理）、经营和技术三要素的集成，以缩短企业新产品（P）开发的时间（T）、提高产品质量（Q）、降低成本（C）、改善服务（S）、节能环保（E），从而提高企业的市场应变能力和竞争能力——PTQCSE（见图 3-10）。CIMS 的现代化特征是数字化、信息化、虚拟化、集成化和绿色化。

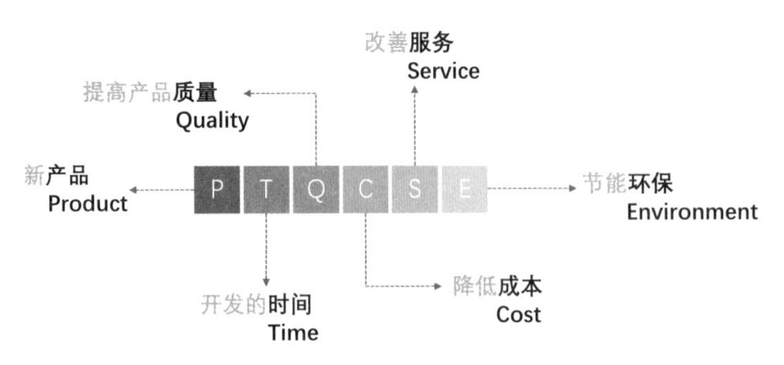


图 3-10　PTQCSE 图解

## 二、串行工作模式的定义

串行工作模式是建筑业目前普遍采用的工作模式，即按照设计、制造、安装、运维的固定流程完成项目建设的工作模式，俗称“抛过墙”式的工作模式。一般情况下，项目成员按要求完成本职工作后将成果抛向下游，出现问题后则抛回上游，再重复一遍固定流程。如图 3-11 所示。

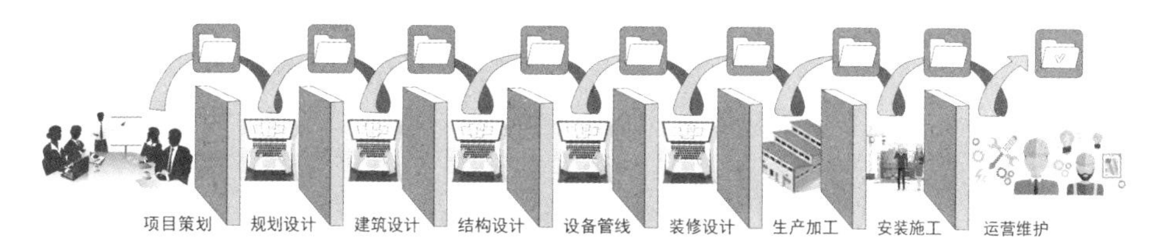


图 3-11　串行工作模式

## 三、串行工作模式存在的主要问题

（1）由于设计周期占整个项目周期的比重较小，因此设计时间较短，考虑不周。

（2）设计过程是一个刚性序列，灵活度不高。

（3）部门之间缺乏交流，设计问题只有到了生产和安装阶段才被发现，为保证产品质量，不得不返工重新修改设计，造成资金浪费和时间延误。

（4）设计时不考虑可制造性和可装配性。

（5）设计时不考虑可控性和可测试性。

（6）设计师不知道成本信息，因此不能把成本作为设计目标之一。

（7）设计数据零散分布于建造过程各阶段，数据无法保持一致，不能变成后续项目的经验积累。

## 四、并行工程（CE）的定义

CE（Concurrent Engineering）是现代集成制造技术中的一种。它是针对企业中存在的传统串行产品开发方式的一种根本性的改进，是一种新的设计哲理与产品开发技术。

并行工程是对产品及其相关过程（包括生产过程和支持过程）进行并行、一体化设计的一种系统化的工作模式（见图 3-12）。这种工作模式力图使开发者从项目初始就考虑到产品全生命周期中的所有因素，包括质量、成本、进度和用户需求。

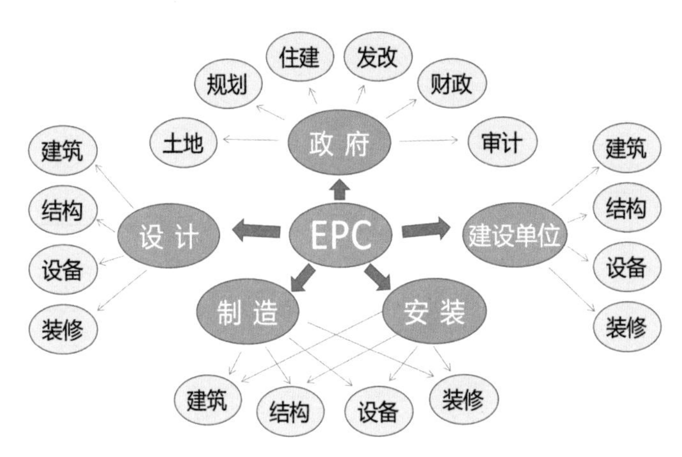


图 3-12　并行工程关联图

## 五、并行工程对项目的影响

（1）周期：由于设计及相关过程并行，使项目开发周期缩短 40% ~ 60%。

（2）质量：设计质量显著改进，使项目建设减少变更 50% 以上。

（3）成本：多专业小组一体化设计，使成本降低 10% 以上。

## 六、并行工程的四个关键要素

（1）产品开发队伍重构：将传统的部门制或专业组变成以产品为主线的多功能集成产品开发团队（IPT：Integrated Product Team）。

（2）过程重构：从传统的串行产品开发流程转变成集成的、并行的产品开发过程。并行过程不仅是活动的并发，以及各专业的协同，更重要的是使信息流动与共享更有效率。

（3）产品的数字化：

1）产品模型的数字化；

2）产品全生命周期的数据管理；

3）数字化工具的应用，如 CAD（Computer Aided Design 计算机辅助设计）、CAM（Computer Aided Manufacturing 计算机辅助制造）、CAPP（Computer Aided Process Planning 计算机辅助工艺过程设计）、DFMA（Design for Manufacturing & Assembling 基于制造和安装的设计）、DFC（Design for Cost 基于成本的设计）等（见图 3-13）。

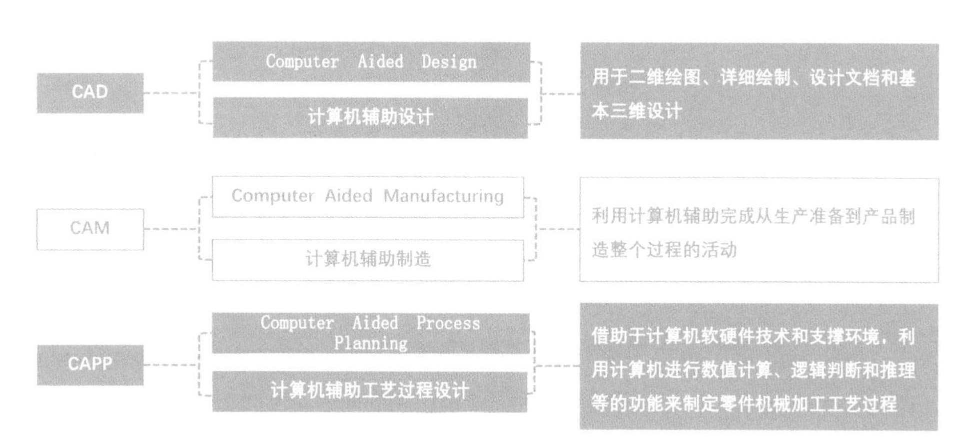


图 3-13 CAD、CAM、CAPP 图解

（4）协同工作环境：用于支持 IPT 协同工作的网络与计算机平台。

### 七、并行工程与建筑工业化

由于目前建筑行业的设计方案更偏重于“概念”和“构想”，具体如何实施往往要依赖于技术工人的手艺和道德水平，设计师对设计成果的最终呈现是无法掌控的。而并行工程所代表的现代集成制造技术可以通过人员重构、过程重构、产品数字化和云平台的建立，以全产业链并行的方式实现过程和品质的可控。可控是建筑工业化的主要标志之一，因此并行工程也是建筑工业化的工作模式。

本研究中的案例多层酒店项目所采用的 IPMT（Integrated Project Management Team）+ 监理 +EPC（Engineering Procurement Construction）模式，实现了政府工程建设流程的一体化管理，是工业化建造模式运用并行工程的绝佳案例。

## 第九节 新型建筑工业化

新型建筑工业化就是在建筑工业化的基础上，以模块化、并行工程的方式对建筑行业进行数字化重构的过程。

数字化重构将对建筑行业产生如下革命性的影响：

（1）与其他行业相比，建筑行业的建造者与最终用户之间的联系是最弱的，最终用户往往对建筑产品的设计和建造没有任何发表意见的机会。但数字孪生技术可以实现建造者与最终用户在虚拟空间的共同设计，使生产者和消费者合二为一，从而产生了一个新的身份——产消者（Prosumer）。例如，如果居住建筑采用了 SI 框架体系，就可以让住户用 VR 的方式实现自己设计室内布局，而设计师则可以帮助住户在标准化的室内产品族库中选择适合的产品，从而达到“标准化输入和多样化输出”的效果。而这个过程可以在住户的全生命周期中不断地循环，室内布局可以很方便地、灵活地改变以适应住户家庭人口结构和生活方式的变化，从而实现“只换布局不换房的人生”。不换房有助于社会财富的积累和双碳目标的实现。

（2）伴随着新一代信息技术的发展，数字化实现了实体建造与虚拟建造融合，推动了建造方式从传统的“试错法”到基于数字仿真的“模拟择优法”转变，构建了建筑工业化快速迭代、持续优化和数据驱动的新生产方式。借助工业互联网，数字化重构可以用模块化的方法搭建建筑工业化产品族库，使得建设项目从传统的图纸设计到现场施工的串行模式，转变为标准化模块的选择和组合的并行模式，实现建筑行业的产品化转型。所以说产品化是工业化的表现形式。

（3）伴随着 CAD、CAM、CAPP 等工具的大规模使用，通过建立高度集成的数字化模型及研发工艺仿真体系，能够将传统串行的、碎片化的项目建设过程在时间和空间上重叠，通过交叉、重组和优化，将原本在产品生命周期下游的制造、安装和运维的技术工作提前到上游进行，从而有效地整合跨区域、跨行业、跨企业的技术资源。

（4）数字化与区块链的结合，将会形成一个开放的共享平台，从而产生网络协同制造、共享制造等新模式。数字化重构推动生产地点从集中化走向分散化，跨地域、跨行业、跨企业的协同成为常态，从而实现建造的社会化，形成更为公平、充分的市场竞争环境。

（5）数字化重构的目标是资源优化。通过资源优化使建筑产品具有更好的质量、更高的效率、更合理的成本。

（6）数字化重构推动了项目建设过程从串行向并行演进，实现了从碎片化向系统性转变，在全过程、全产业链和全生命周期的多个维度上重构了建筑业的生态系统和管理模式。

# 第四章

# 建造模式比较研究

工业化建造模式体现在建筑从前期策划到规划设计、建筑设计、生产加工、现场施工、运行管理相关的生产系统、能源系统等各个环节，本章从技术体系、管理模式、设计环节、生产环节、施工环节、碳排放、建造周期与验收节点以及建造成本八个方面进行比较研究。

# 第一节 技术体系比较研究

技术体系的适用性体现在适用的建筑高度、建筑类型，以及与之相匹配的关键技术要点，目前采用较多的工业化技术体系有钢结构箱式模块化技术、装配式钢结构技术、装配式混凝土技术等。现浇混凝土技术也是一种工业化的技术体系，如果能够采用更高精度的模板技术，则现阶段仍不失为一种适用的工业化建造模式。但随着建筑行业环境意识提高，以及受劳动力短缺等因素的影响，现浇混凝土技术的应用场景将逐步减少。

## 一、钢结构箱式模块化技术

1. 技术体系介绍

目前国内钢结构模块化建筑工程施工尚应执行国家、部委及地方制定的有关设计和施工的现行标准、规范、规程和规定，相关的标准、规范或规程包括：

（1）《工程结构通用规范》GB 55001—2021；

（2）《组合结构通用规范》GB 55004—2021；

（3）《钢结构通用规范》GB 55006—2021；

（4）《建筑结构可靠性设计统一标准》GB 50068—2018；

（5）《工程结构可靠性设计统一标准》GB 50153—2008；

（6）《建筑工程抗震设防分类标准》GB 50223—2008；

（7）《建筑结构荷载规范》GB 50009—2012；

（8）《建筑抗震设计规范》GB 50011—2010（2016 年版）；

（9）《混凝土结构设计规范》GB 50010—2010（2015 年版）；

（10）《建筑地基基础设计规范》GB 50007—2011；

（11）《钢结构设计标准》GB 50017—2017；

（12）《钢结构焊接规范》GB 50661—2011；

（13）《建筑设计防火规范》GB 50016—2014（2018 年版）；

（14）《建筑钢结构防火技术规范》GB 51249—2017；

（15）《钢结构防火涂料》GB 14907—2018；

（16）《建筑钢结构防腐蚀技术规程》JGJ/T 251—2011；

（17）《轻型模块化钢结构组合房屋技术标准》JGJ/T 466—2019；

（18）《箱式钢结构集成模块建筑技术规程》T/CECS 641—2019；

（19）《冷弯薄壁型钢结构技术规范》GB 50018—2002；

（20）《混凝土结构加固设计规范》GB 50367—2013；

（21）《钢结构模块建筑技术规程》T/CECS 507—2018。

由于不同标准或规范的编制目的、适用范围有所不同，因此结构体系的分类也略有不同。根据结构受力特点，钢结构箱式模块化建筑的结构体系通常可以分为箱式模块结构、箱式模块－框架结构、箱式模块－框架－支撑结构、箱式模块－剪力墙结构四种。

多层酒店项目采用了带支撑的叠箱结构的钢结构集成模块建筑体系，属于钢结构箱式模块结构体系（见图 4-1）。项目通过设置抗震缝将整栋建筑的结构分为客房部分和交通核部分，客房部分采用带支撑的叠箱结构，交通核部分采用钢框架结构，由箱型钢柱、H 型钢梁、钢桁架楼承板、钢楼梯组成（见图 4-2）。

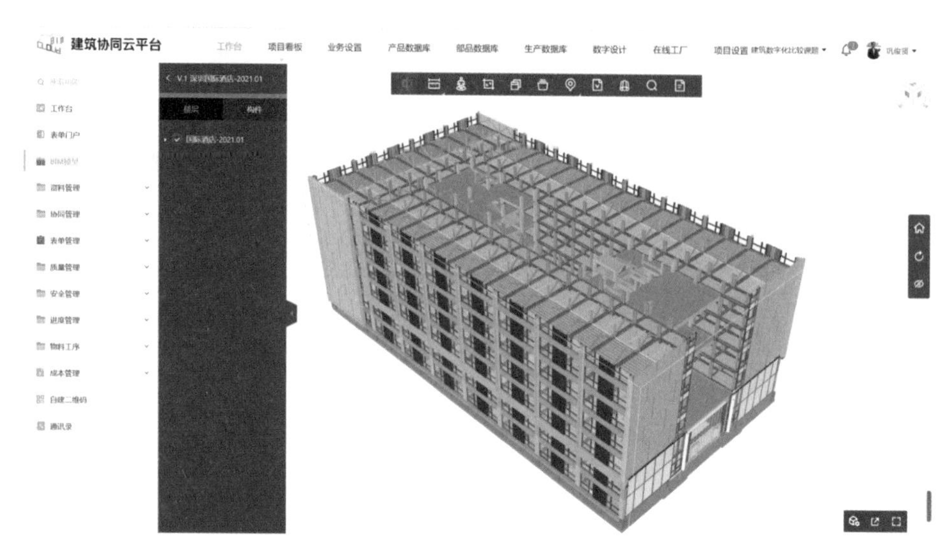


图 4-1 多层酒店项目钢结构箱式模块化设计在云平台上展示

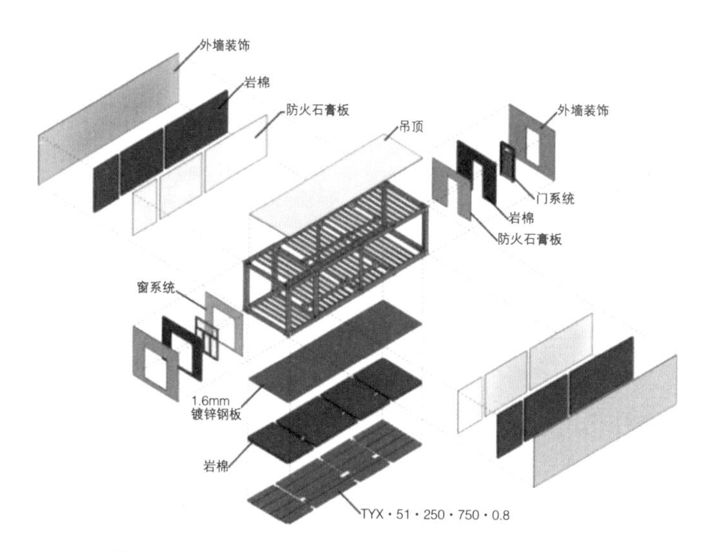


图 4-2 箱式模块爆炸图

多层教学楼项目参照多层酒店项目主体结构设计相关规范进行试设计，如表 4-1 所示。

多层教学楼项目试设计采用的钢结构箱式模块化技术规范　表 4-1

| 编号 | 名称 |
| --- | --- |
| 1 | 《箱式钢结构集成模块建筑技术规程》T/CECS 641—2019 |
| 2 | 《钢结构设计标准》GB 50017—2017 |
| 3 | 《建筑抗震设计规范》GB 50011—2010（2016 年版） |

2. 适用高度

由于不同标准或规范的编制目的、适用范围和对结构体系的定义略有不同，因此钢结构箱式模块化建筑的适用高度也有所不同。例如，深圳市抗震设防烈度为 7 度（0.1$g$），其建筑适用高度在不同的标准或规程中规定如下：

（1）《轻型模块化钢结构组合房屋技术标准》JGJ/T 466—2019 的规定如表 4-2 所示。若采用叠箱结构，多层酒店和多层教学楼最高不应超过 3 层。若增加层数，就应采用叠箱 - 剪力墙体系，总高度不超过 24m，多层酒店（层高 3.3m）最高可建 7 层，多层教学楼（层高 4.5m）最高可建 5 层。

《轻型模块化钢结构组合房屋技术标准》JGJ/T 466—2019 最大适用高度　表 4-2

| 编号 | 相关条款 |
| --- | --- |
| 1 | 叠箱结构体系层数不应超过 3 层 |
| 2 | 叠箱 - 底层框架混合结构体系应用于抗震设防烈度为 8 度（0.2$g$）及以下的地区，总层数不应超过 4 层，总高度不应超过 13m |
| 3 | 叠箱 - 剪力墙 / 核心筒混合结构体系和嵌入式模块化结构体系总层数不宜超过 8 层，且总高度不应超过 24m |

（2）《箱式钢结构集成模块建筑技术规程》T/CECS 641—2019 的规定如表 4-3 所示。若采用叠箱结构，最大适用高度为 35m，多层酒店（层高 3.3m）最高可建 10 层，多层教学楼（层高 4.5m）最高可建 7 层。

《箱式钢结构集成模块建筑技术规程》T/CECS 641—2019 最大适用高度（m） 表 4-3

| 结构体系 | 抗震设防烈度 | | | | |
|---|---|---|---|---|---|
| | 6 度 | 7 度（0.1$g$） | 7 度（0.15$g$） | 8 度（0.2$g$） | 8 度（0.3$g$） |
| 叠箱结构 | 40 | 35 | 35 | 30 | 25 |
| 箱－框结构 | 60 | 50 | 50 | 40 | 30 |
| 箱－框－支撑结构 | 100 | 100 | 80 | 60 | 50 |

（3）《钢结构模块建筑技术规程》T/CECS 507—2018 的规定如表 4-4 所示。若采用叠箱结构，最大层数为 8层，最大适用高度为 24m。多层酒店（层高 3.3m）最高可建 7 层，多层教学楼（层高 4.5m）最高可建 5 层。

《钢结构模块建筑技术规程》T/CECS 507—2018 最大适用高度 表 4-4

| 结构体系 | | 适用最大建筑层数 | 适用最大建筑高度（m） |
|---|---|---|---|
| 纯模块结构 | 不设置支撑 | 3 | 9 |
| | 设置支撑 | 8 | 24 |
| 模块－钢框架混合结构 | | 12 | 36 |
| 模块－钢框架－支撑混合结构 | | 24 | 72 |
| 模块－筒体混合结构 | | 33 | 100 |

3. 关键技术节点

模块间节点连接方式对模块化建筑的结构性能影响很大（如结构的抗侧刚度及受力性能），典型的模块间节点连接方式大致包括螺栓连接、混凝土接缝连接和联锁连接三种（见图 4-3）。多层酒店项目采用螺栓连接，在装配过程中不需要在构件上创建开口，因此不会削弱结构构件的受力性能，且安装时所需要的工作空间较小（与焊接连接方式相比）。安装完成后，连接节点隐藏在建筑填充墙后或上、下模块楼板之间，因此必须先完成模块单元的连接工作，才能进行隔墙、楼板等建筑功能构件的施工。安装工序不正确将会造成现场的混乱。

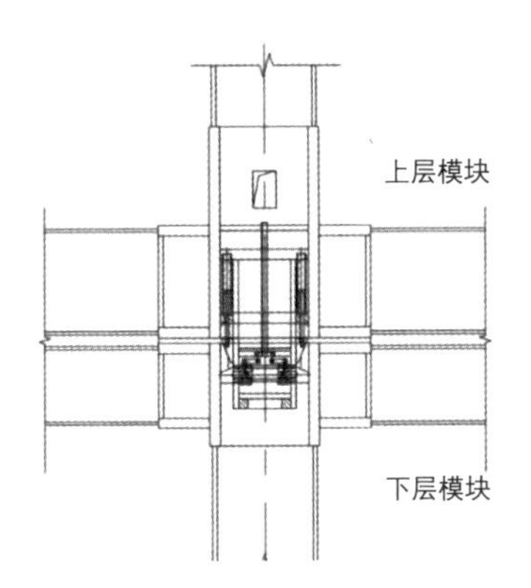


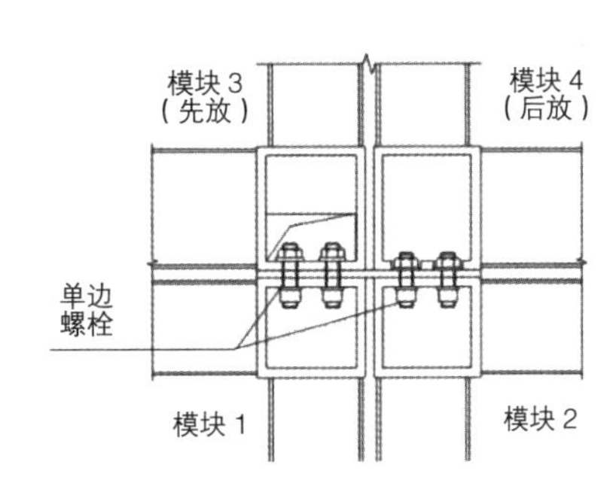


图 4-3　模块连接节点

4. 应用场景

钢结构箱式模块化技术除了在酒店项目中进行了实践之外，还在深圳多个标准化程度较高且层数一般不超过 8 层的中小学校、方舱应急医院等建筑项目中进行了应用。

除了住宅、酒店、公寓、办公楼等建筑类型外，这种技术体系还可在数据箱、垃圾站（城市、农村）、公用厕所、储能箱（站）、移动售卖亭（站）、移动多功能方舱服务站、移动消防站、可拆装展厅（售楼部）、城市更新加建（服务中心）等规模较小的建筑附属设施或装备中应用（见图 4-4）。

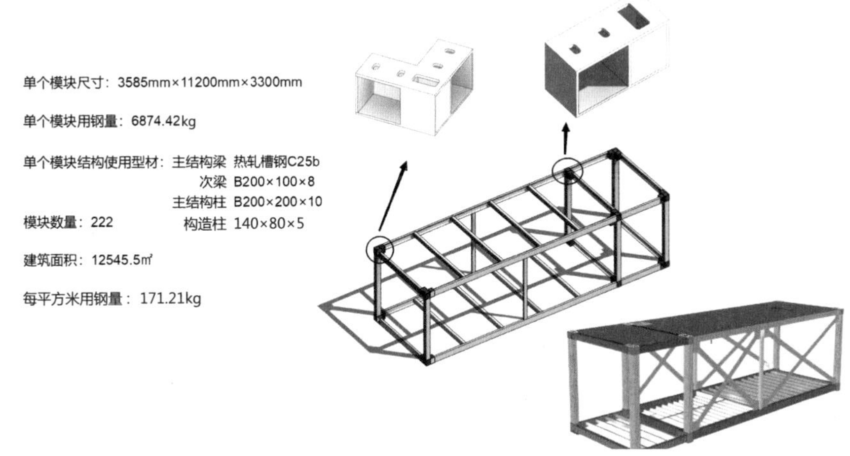


（a）隔离酒店模块化（中国院 & 中建科工）

图 4-4　钢结构箱式模块应用场景

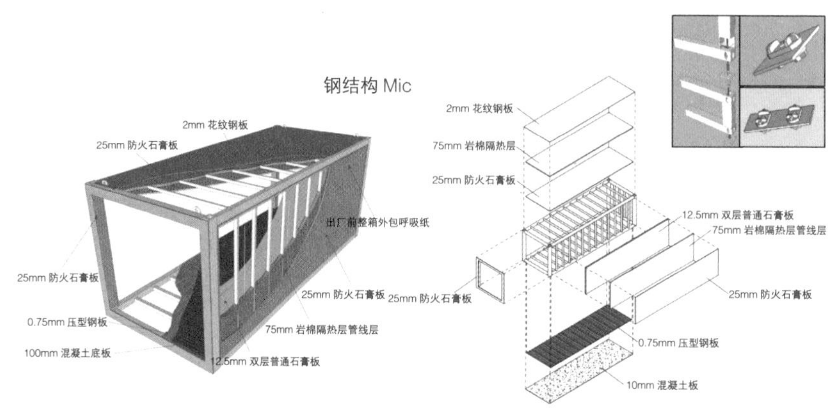


（b）坝光国际酒店钢结构模块化建筑

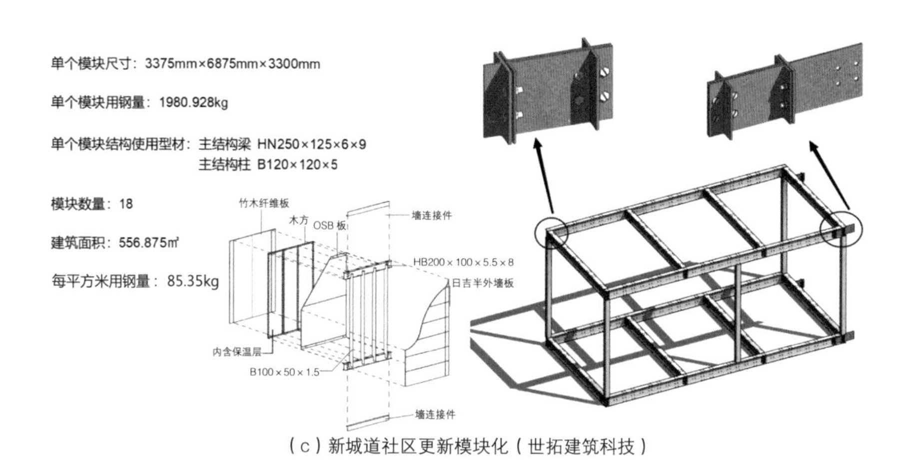


（c）新城道社区更新模块化（世拓建筑科技）

（d）各种应用场景

图 4-4 钢结构箱式模块应用场景（续）

## 二、装配式钢结构技术

1. 技术体系介绍

在装配式钢结构技术（见图 4-5）的试设计中，多层酒店项目主体结构设计相关规范如表 4-5 所示。

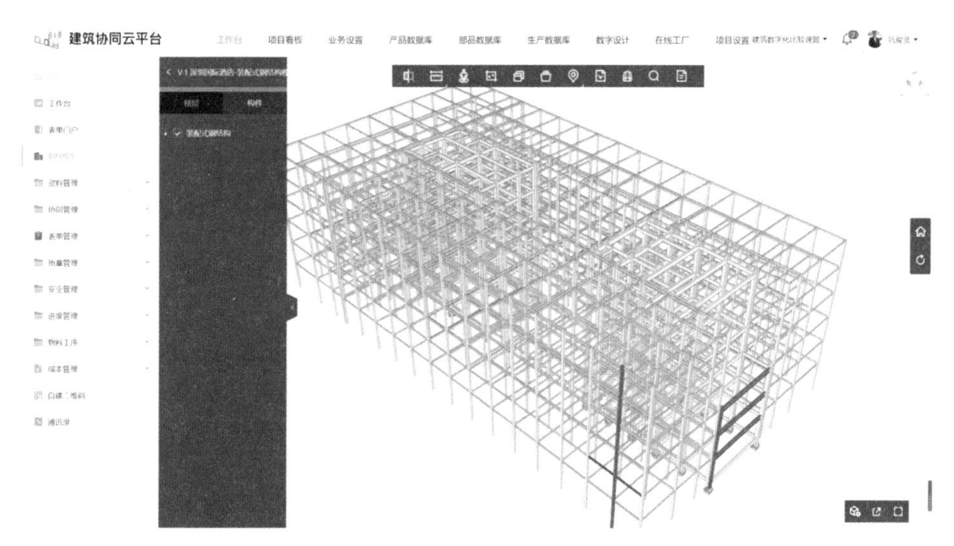


图 4-5　多层酒店项目装配式钢结构技术试设计在云平台上展示

多层酒店项目试设计采用的钢结构箱式模块化技术规范　表 4-5

| 编号 | 名称 |
|---|---|
| 1 | 《钢结构设计标准》GB 50017—2017 |
| 2 | 《建筑抗震设计规范》GB 50011—2010（2016 年版） |
| 3 | 《装配式钢结构建筑技术标准》GB/T 51232—2016 |
| 4 | 《装配式钢结构建筑技术规程》DBJ/T 15-177—2020 |

两个项目的结构系统拟采用钢框架结构 + 轻质板材围护结构 + 装配式装修（见图 4-6 ~ 图 4-8）。预制构件主要由箱形钢柱、H 型钢梁、钢桁架楼承板、ALC 外墙条板组成。

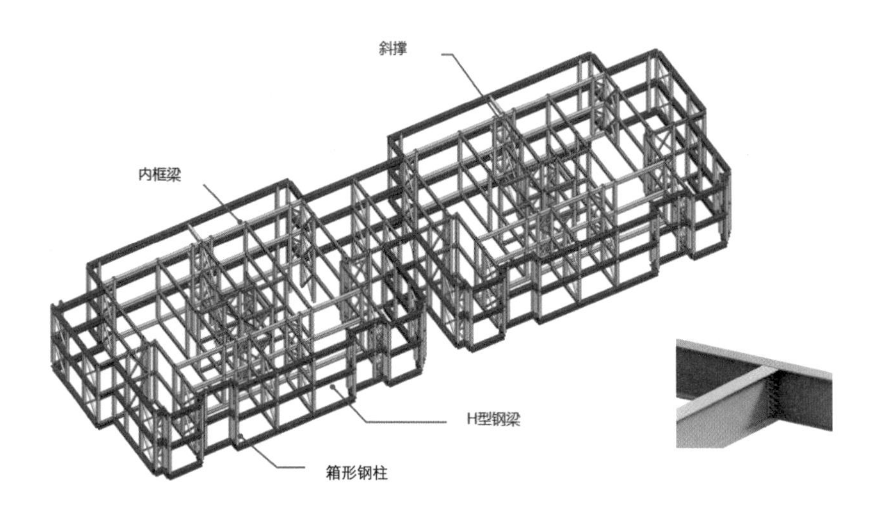


图 4-6　钢结构装配式主框架结构

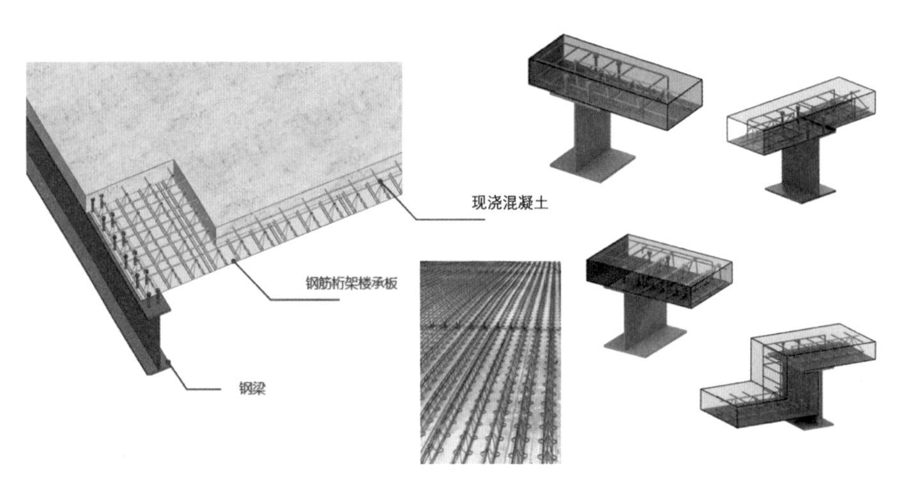


图 4-7　钢桁架楼承板

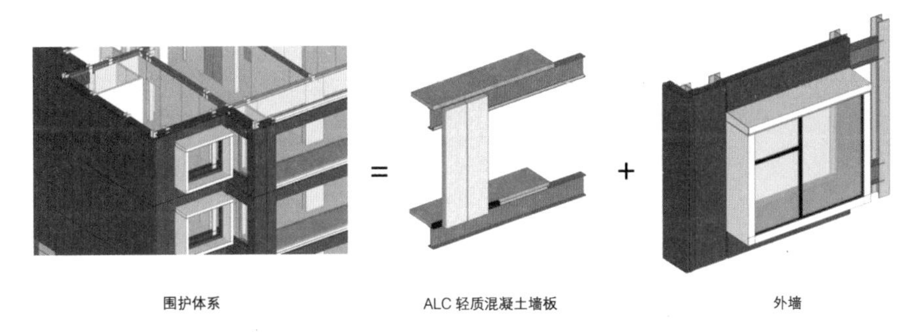


图 4-8　钢结构装配式围护体系与门窗系统

2. 适用高度

设抗震设防烈度为 7 度（0.1$g$），根据《装配式钢结构建筑技术标准》GB/T 51232—2016 的规定（见表 4-6），钢框架结构最大适用高度为 110m，酒店（层高 3.3m）最高可建 33 层，教学楼（层高 4.5m）最高可建 24 层。

《装配式钢结构建筑技术标准》GB/T 51232—2016 最大适用高度（m）　表 4-6

| 结构体系 | 抗震设防烈度 | | | | | |
|---|---|---|---|---|---|---|
| | 6 度（0.05$g$） | 7 度（0.1$g$） | 7 度（0.15$g$） | 8 度（0.2$g$） | 8 度（0.3$g$） | 9 度（0.4$g$） |
| 钢框架结构 | 110 | 110 | 90 | 90 | 70 | 50 |
| 钢框架 – 中心支撑结构 | 220 | 220 | 200 | 180 | 150 | 120 |
| 钢框架 – 偏心支撑结构、钢框架 – 屈曲约束支撑结构、钢框架 – 延性墙板结构 | 240 | 240 | 220 | 200 | 180 | 160 |
| 筒体（框筒、筒中筒、桁架筒、束筒）结构巨型结构 | 300 | 300 | 280 | 260 | 240 | 180 |
| 交错桁架结构 | 90 | | 60 | 40 | 40 | |

3.关键技术节点

柱梁节点连接采用悬臂梁段、翼缘焊接腹板栓接及全焊接形式（见图 4-9）；钢柱拼接采用焊接或螺栓连接的形式（见图 4-10）。

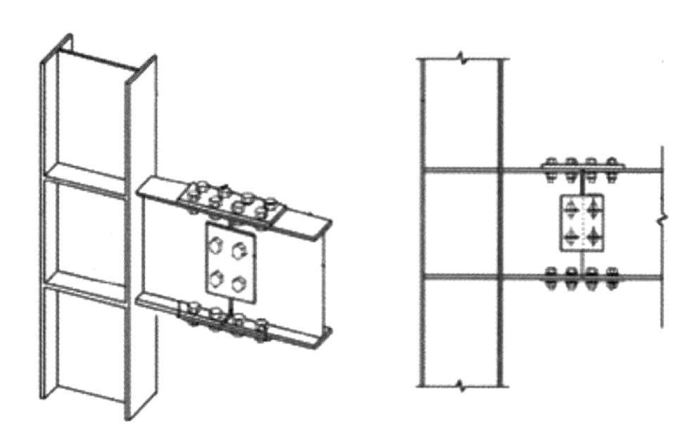

图 4-9　带悬臂梁（H 型钢梁）段的螺栓连接

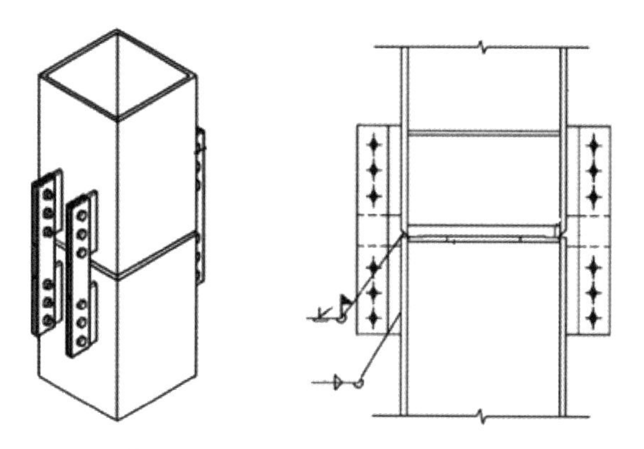

图 4-10　箱形柱焊接与螺栓连接

4. 应用场景

装配式钢结构技术在国内应用得比较广泛，如办公楼（高层）、商业、住宅（高/多层）、别墅、教育设施、医疗设施、厂房等多种建筑类型都有应用。

## 三、装配式混凝土技术

1. 技术体系介绍

在装配式混凝土技术的试设计中，两个项目的结构体系拟采用预制混凝土框架结构体系（见图 4-11），预制构件种类包含预制外墙挂板、预制叠合楼板和预制楼梯。框架柱、梁采用高精度铝合金模板现浇方式（见图 4-12）。两个项目主体结构设计参数及结构构件按照相关规范要求进行设计（见表 4-7）。结构设计除满足构件正常使用的要求外还应满足构件工厂生产制造、运输、吊装等各阶段的相关要求，详细设计在构件深化阶段（构件施工图纸）完成。

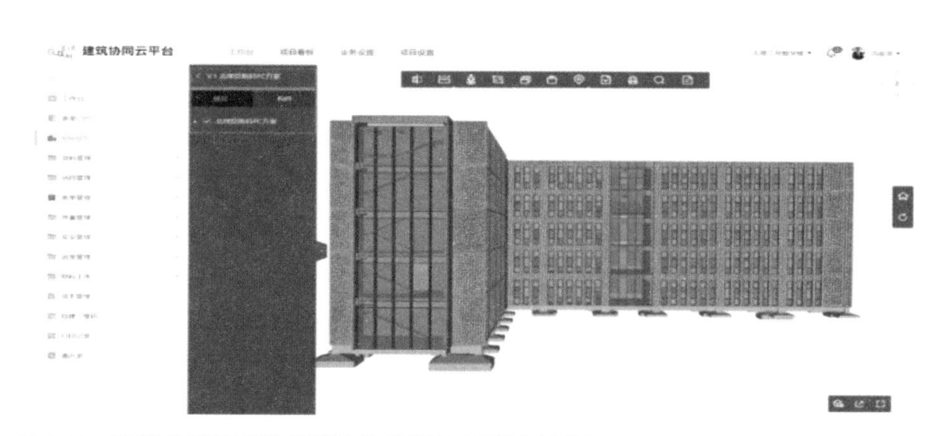


图 4-11　多层教学楼项目装配式混凝土技术试设计在云平台上展示

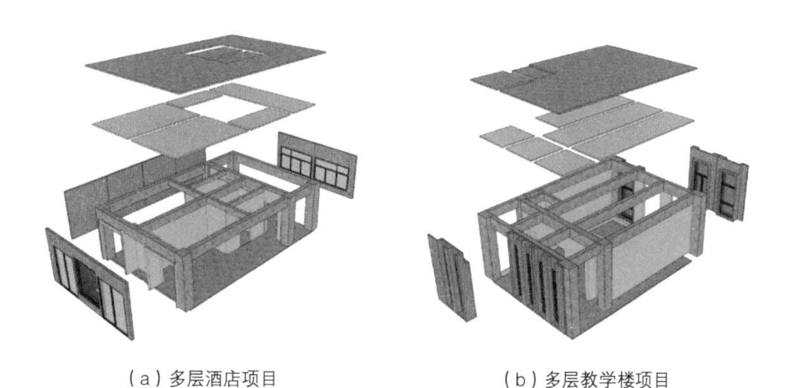

（a）多层酒店项目　　（b）多层教学楼项目

图 4-12　多层酒店项目和多层教学楼项目装配式混凝土结构爆炸图

两个项目试设计采用的装配式混凝土技术相关标准规范　　表 4-7

| 编号 | 名称 |
|---|---|
| 1 | 《装配式混凝土结构技术规程》JGJ 1—2014 |
| 2 | 《装配式混凝土建筑技术标准》GB/T 51231—2016 |
| 3 | 《装配式混凝土建筑结构技术规程》DBJ 15-107—2016 |
| 4 | 《装配式混凝土建筑深化设计技术规程》DBJ/T 15-155—2019 |
| 5 | 《钢筋锚固板应用技术规程》JGJ 256—2011 |
| 6 | 《装配式混凝土结构连接节点构造》15G310 |

2. 适用高度

设抗震设防烈度为 7 度（0.1$g$），根据《装配式混凝土结构技术规程》JGJ 1—2014 的规定（见表 4-8），装配式混凝土结构最大适用高度为 50m，酒店（层高 3.3m）最高可建 15 层，教学楼（层高 4.5m）最高可建 11 层。

《装配式混凝土结构技术规程》JGJ 1—2014 最大适用高度（m）　　表 4-8

| 结构体系 | 非抗震设计 | 抗震设防烈度 | | | |
|---|---|---|---|---|---|
| | | 6 度 | 7 度 | 8 度（0.2$g$） | 8 度（0.3$g$） |
| 装配整体式框架结构 | 70 | 60 | 50 | 40 | 30 |
| 装配整体式框架 - 现浇剪力墙结构 | 150 | 130 | 120 | 100 | 80 |
| 装配整体式剪力墙结构 | 140（130） | 130（120） | 110（100） | 90（80） | 70（60） |
| 装配整体式部分框支剪力墙结构 | 120（110） | 110（100） | 90（80） | 70（60） | 40（30） |

3. 关键技术节点

两个项目的外围护采用预制外墙挂板方式（见图 4-13、图 4-14），外墙挂板顶端设置抗剪槽和粗糙面并采用封闭箍筋与结构梁连接，底端采用脚码限制外墙挂板在平面外的位移（见图 4-15）。板间水平缝设置高低缝企口与排水槽，板间竖直缝设置导水空腔，并在缝两侧打胶保障防水效果（见图 4-16）。

图 4-13　多层酒店项目节点剖面　　图 4-14　多层教学楼项目节点剖面

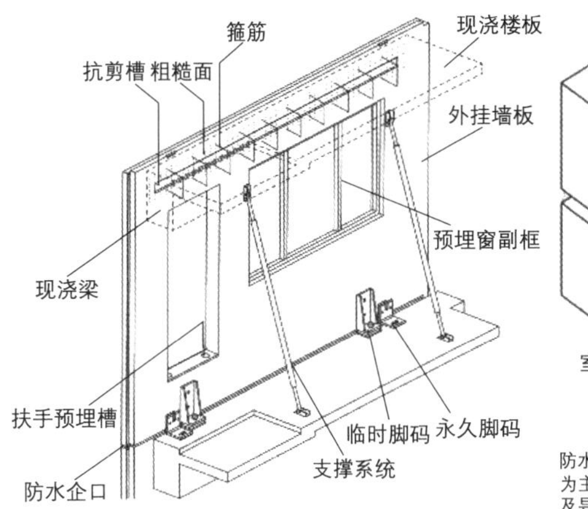


图 4-15　预制外墙挂板构造

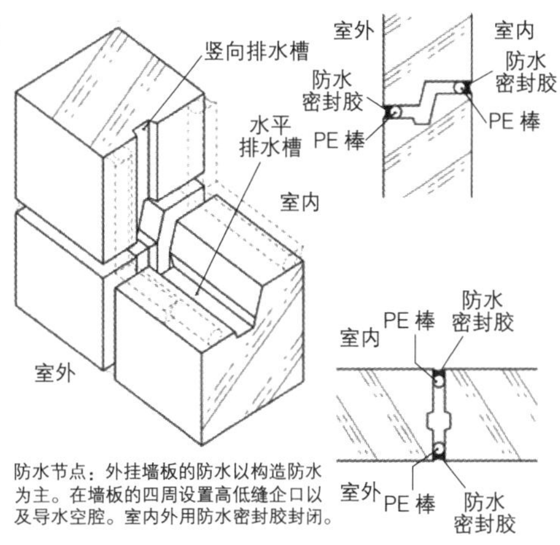


图 4-16　防水节点构造

4. 应用场景

装配式混凝土技术在高层居住建筑（现浇剪力墙 + 预制外墙挂板 + 预制叠合楼板 + 预制楼梯）中应用较多，在办公建筑（现浇柱梁 + 预制外墙挂板）以及多层教育建筑中也有一定的应用。

## 四、现浇混凝土技术

### 1. 技术体系介绍

在现浇混凝土技术的试设计中，两个项目均采用现浇混凝土框架结构，采用木模板现浇工法进行建造，外围护墙采用砌筑方式（见图 4-17）。现浇混凝土框架结构施工技术主要通过钢筋混凝土制成承重梁柱进行承重，适用于如教学楼、酒店或较大空间的建筑，可以形成灵活可变的空间。

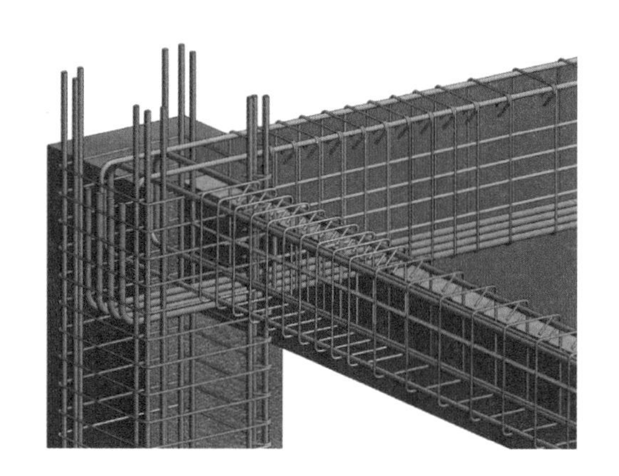

图 4-17 现浇混凝土施工与设计构造

### 2. 适用高度

设抗震设防烈度为 7 度（0.1*g*），根据《建筑抗震设计规范》GB 50011—2010（2016 年版）的规定（见表 4-9），框架结构最大适用高度为 50m，酒店（层高 3.3m）最高可建 15 层，教学楼（层高 4.5m）最高可建 11 层。

《建筑抗震设计规范》GB 50011—2010（2016 年版）最大适用高度（m）　表 4-9

| 结构体系 | | 抗震设防烈度 | | | | |
|---|---|---|---|---|---|---|
| | | 6 度 | 7 度 | 8 度（0.2$g$） | 8 度（0.3$g$） | 9 度 |
| 框架结构 | | 60 | 50 | 40 | 35 | 24 |
| 框架 - 抗震墙结构 | | 130 | 120 | 100 | 80 | 50 |
| 抗震墙结构 | | 140 | 120 | 100 | 80 | 60 |
| 部分框支抗震墙结构 | | 120 | 100 | 80 | 50 | 不应采用 |
| 筒体结构 | 框架 - 核心筒 | 150 | 130 | 100 | 90 | 70 |
| | 筒中筒 | 180 | 150 | 120 | 100 | 80 |
| 板柱 - 抗震墙结构 | | 80 | 70 | 55 | 40 | 不应采用 |

3. 应用场景

受政策影响，目前项目整体采用现浇方式的应用场景逐渐减少。

## 五、总结

1. 技术体系集成化程度

不同技术体系的集成化程度排序如下：钢结构箱式模块化技术 > 装配式钢结构技术 > 装配式混凝土技术 > 现浇混凝土技术（见图 4-18）。

其中，钢结构箱式模块化技术体系的特点是钢框架与外围护、内装、设备在工厂或堆场集成组装为模块，再转运至现场按照顺序逐个吊装，最终形成完整的建筑。

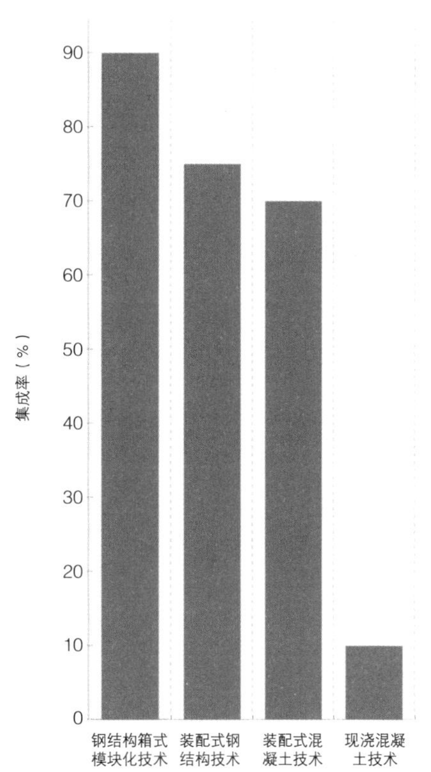


图 4-18　各技术体系集成化程度对比

装配式钢结构技术体系的特点是将柱、梁等钢杆件与钢筋桁架楼承板运输到现场组装，通过现浇楼板形成建筑主体，再逐一完成外围护、内装、设备的干法施工，现场存在少量湿作业。

装配式混凝土技术体系采用外围护墙体（三维构件）、预制叠合楼板、预制楼梯、柱梁在现场通过铝模现浇的方式实现集成，现场存在湿作业。

现浇混凝土技术体系现场湿作业最多，集成度最低。

2. 最大适用高度

在同为框架结构体系下，不同建造模式最大适用高度排序为：装配式钢结构技术 110m> 装配式混凝土技术 50m= 现浇混凝土技术 50m> 钢结构箱式模块化技术 24m。

3. 应用场景

钢结构箱式模块化技术体系相比其他三种技术体系的应用场景有限，对于需要快速建设的建筑以及多层高密度的建筑群体优势较大，目前主要应用于住宅、公寓、公租房、幼儿园、中小学校、酒店、办公楼、医疗设施、数据中心、小型公共服务设施等建筑类型，但市场尚没有形成大规模永久性建筑的应用需求。

## 第二节 管理模式比较研究

工业化转型是建筑行业发展的必然趋势，技术体系的转型变化必将伴随着管理模式的转型。除少数强调仪式感的特殊类型的建筑外，其他如住宅、公寓、学校、幼儿园、医院、酒店等普通类型的建筑，其建造方式必然向产品化的方向转变，其组织管理模式也将越来越接近于一般工业产品的生产组织方式。业主对建设项目仅提出品质和工期要求，像买一辆汽车一样，业主和承包人双方谈好项目的价格、交付标准和工期后，由承包人自行决定如何建造。而项目的建造过程也更像汽车制造，是从一系列的标准化部件中选择适合的模块组合成一个完整的产品。本书分别对“设计 – 招标 – 施工”分离的承发包模式和“设计 – 采购 – 施工”的 EPC 模式进行了研究。

## 一、“设计－招标－施工”分离的承发包模式

自改革开放以来，我国长期采用设计与施工分离的承发包模式，又称为设计－招标－施工的传统模式。其过程是先对工程项目进行评估，立项之后对设计进行招标，待施工图完成后再进行施工招标。如前所述，传统模式是串行工作模式，造成了项目返工、大量的洽商变更、技术数据不能共享和继承等问题，也是一种“试错法”的工作模式。

“设计－招标－施工”分离的承发包模式容易导致工程纠纷，造成业主、设计师和承包商相互推诿的后果，从而严重影响工程项目建设中包括品质、效率、成本等综合因素在内的整体效益。这种承发包模式抵消了工业化建造的优势。

## 二、“设计－采购－施工”的 EPC 模式

EPC 是 Engineering Procurement Construction 的缩写，即设计－采购－施工。通常指投资人仅选择一个总承包商或总承包商联合体，由总承包商（或联合体）负责整个工程项目的设计、设备和材料的采购、施工及试运行，提供完整的可交付使用的工程项目的建设模式。EPC 模式适合规模较大、工期较长且具有相当的技术复杂性的工程。EPC 模式既适用于传统建造模式，也适用于工业化建造模式。而只有采用 EPC 模式，才能充分发挥工业化建造模式的优势。

EPC 模式中的 E 可以有两种方式：第一种是包含方案、初步设计和施工图设计全流程的方式；第二种是仅包含施工图设计的方式。

第一种方式更适合标准化程度较高的工业化建造模式，例如钢结构箱式模块化建造模式，因为在前期的方案阶段就需要考虑后期的制造、安装、成本等因素（DFX）。

第二种方式一般会增加一个全过程工程咨询的管理环节，相当于设计师代表业主对项目全过程进行管理。全过程工程咨询工作包含项目的前期策划、规划设计、建筑方案设计、初步设计、项目管理、造价咨询和监理等内容，基本涵盖了项目概算取费表中除

施工图设计费以外的所有二类费内容。EPC 模式的重要特点是充分发挥市场机制的作用。业主通常仅对技术标准规范、技术要求和其他基本要求作出规定，以使总承包商的设计、采购、施工等分包商共同寻求最经济、最有效的方法实施工程建设。为了有效地竞争，EPC 总承包商一般都将整个项目划分成若干相对独立的工作包模块。总承包商可以将合同中的部分模块分包给分包商，但对分包商所负责的工作承担全部责任。

EPC 模式就是模块化的工作模式，其关键是制定项目的设计规则，即每个模块必须遵循的某种明确的规则，以保证这些模块能够构成一个和谐的系统，实现项目建设的完整性。设计规则由设计架构、界面、集成规则及测试标准组成。模块化设计规则既包含技术体系又包含管理体系。

EPC 模式的最大特点是固定总价。在 EPC 模式下，业主通常不允许 EPC 总承包商因费用变化而调价。因此，EPC 总承包商为防范风险，EPC 合同的合同价格往往高于传统合同模式的合同价格。对 EPC 总承包商来说，虽然这种合同模式的风险较大，但只要有足够的实力和管理能力，就有机会获得较大的利润。EPC 模式各方职责如图 4–19、表 4–10 所示。

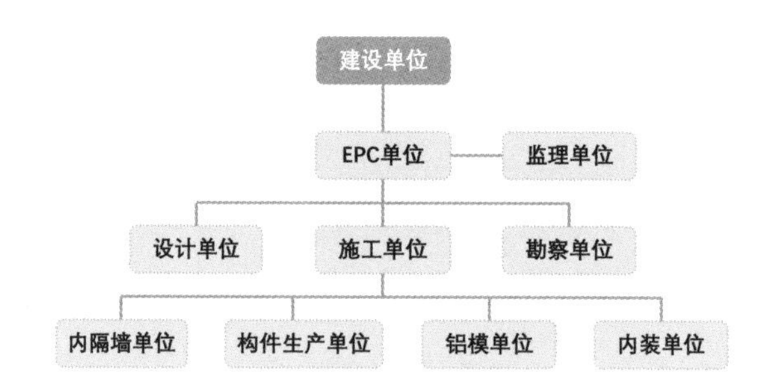


图 4–19　EPC 模式各方协同工作机制组织架构

EPC 模式各单位工作分工表　　表 4–10

| 序号 | 责任主体 | 工作职责 |
|---|---|---|
| 1 | 建设单位 | 对项目规模、标准、功能、工期、预算提出需求，组织工程交工验收，协调参建各方关系，解决工程建设中的有关问题，为工程施工建设创造良好的外部环境 |

续表

| 序号 | 责任主体 | 工作职责 |
| --- | --- | --- |
| 2 | EPC 总承包商（或联合体） | 按项目建设的规模、标准及工期要求，实行项目建设全过程的宏观控制与管理。负责办理工程开工有关手续，组织工程勘察设计，招标投标、开展施工过程的节点控制 |
| 3 | 监理单位 | 进行工程建设合同管理，按照合同控制工程建设的投资、工期、质量和安全，协调参建各方的内部工作关系。在监理过程中，监理单位应及时按照合同和有关规定处理设计变更，设计单位的有关通知、图纸、文件等须通过监理单位下发到施工单位 |
| 4 | 设计单位 | 受建设单位的委托，负责工程初步设计和施工图设计，向建设单位提供设计文件、图纸和其他资料，派驻设计代表参与工程项目的建设，进行设计交底和图纸会审，及时签发工程变更通知单，做好设计服务工作，参与工程验收等 |
| 5 | 施工单位 | 通过招标投标获得施工任务，依据国家和行业规范、规定、设计文件和施工合同，编制施工方案，组织相应的管理、技术、施工人员及施工机械进行施工，按合同规定工期、质量要求完成施工内容。施工过程中，负责工程进度、质量、成本、安全的自控工作，工程完工验收合格后，向建设单位移交工程及全套施工资料 |
| 6 | 勘察单位 | 样板层检查、样板间检查、施工安全、施工质量 |
| 7 | 内隔墙单位 | 深化设计、图纸确认、生产周期策划、构件运输 |
| 8 | 构件生产单位 | 预留预埋、图纸确认、生产周期策划、模具设计、构件运输 |
| 9 | 铝模单位 | 图纸确认、生产周期策划、材料运输、铝模安装 |
| 10 | 内装单位 | 深化设计、图纸确认、施工执行、质量监察 |

EPC 模式也是并行工程模式，由于总承包商对项目建设的全过程负责，因此在设计阶段就要考虑到建设和运行阶段的所有因素。如前所述，采用并行工程模式可以使项目建设周期缩短 40% ~ 60%、减少变更 50% 以上、成本降低 10% 以上。

并行工程在工作模式上有两层含义，一是各工作模块在时间上的齐头并进；二是各工作模块之间的协同、集成和一体化。并行工程的关键要素之一是项目团队的重构，即将传统的部门制或专业组变成以项目为主线的多功能集成产品开发团队（IPT）。同样地，EPC 模式也是要组成以项目为主线的多功能集成管理团队，所以说，并行工程就是 EPC 模式。

本书的研究对象之一多层酒店项目采取了“IPMT（一体化项目管理团队）+ 监理 +EPC（设计采购施工一体化）”模式进行建设管理。IPMT 实际就是并行工程中集成产品开发团队（IPT）与政府管理（Management）部门的集成。只是，在其中将产品（Product）开发换成了项目（Project）开发。

“IPMT+ 监理 +EPC”模式的核心是项目管理的三层组织架构（见图 4-20）：第一层是决策层，由涉及项目投资、业主、建设管理、运营管理的 26 个市直单位成立专项工作专班，对酒店项目财务、设计、采购、施工、质量、安全、疫情防控等进行全过程一体化管理；第二层是管理层，由建筑工务署成立酒店项目指挥部，下设六个工作组，对项目统筹、工程项目、前期设计、招采商务、材料设备、工作督导等进行分工，主要承担与 EPC 单位、工程监理单位之间的协调，实施对 HSE、质量、进度、费用和合同执行的有效控制，并承担除 EPC、工程监理以外的其他项目管理工作；第三层是执行层，由 EPC 总承包商、监理承包商和项目前期咨询商组成，执行具体的工程管理与建设任务，项目组、监理、EPC 总承包单位三线并行、三级联动、矩阵式管理，全面、系统、有序地推进项目建设。

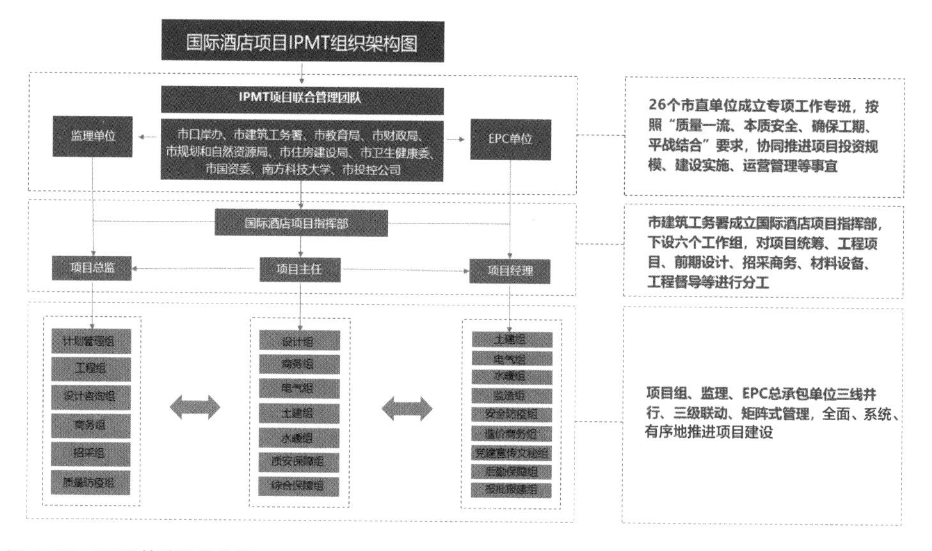


图 4-20　IPMT 快速决策体系

IPMT 管理模式是业主 + 全过程工程咨询 +EPC 模式的功能集合体，其业主责任扩大到了政府相关部门，这是应对特殊项目的有效管理模式。

### 三、总结

工业化建造模式必须采用 EPC 模式，在同等的造价和产品标准的基础上，EPC 模式可以实现“提高品质、提高效率、节材省工、节能减碳”的目标。EPC 模式的实施只有建立在模块化、并行工程与数字化的基础上，才能发挥其最大的效益。

“IPMT（一体化项目管理团队）+ 监理 +EPC（设计采购施工一体化）”模式是在特殊应急项目的条件下，针对 EPC 模式的创新。但针对一般项目，全过程咨询 +EPC 模式是目前建筑行业最适用的管理模式。

## 第三节　设计环节比较研究

工业化建造模式要求在设计环节就要对后续的建造环节进行并行管理，要考虑生产、安装、运维、成本等诸多因素（DFX），从钢结构箱式模块化技术体系到现浇混凝土技术体系，设计的并行和集成度由高向低变化。

### 一、钢结构箱式模块化技术

两个项目均采用标准化设计方法。其中设计内容涵盖多层酒店项目的客房模块、交通核模块和卫生间模块，以及多层教学楼项目的教室模块、楼梯模块、卫生间模块、电梯模块和配电室模块。

1. 结构系统设计

多层酒店项目走道和客房采用集成模块叠箱结构。预制钢构件种类有：箱型钢柱、H 型钢梁、钢筋桁架楼承板、钢楼梯、客房及走廊采用的集成模块箱体，共 5 种。酒店首层至屋架层核心筒部分截面形式均为 H 型钢，截面类型共 6 种；钢柱截面形式均为箱形截面，截面类型共 2 种；钢筋桁架楼承板类型有 2 种（TD4-90、TD4-100）。标准客房部分所使用集成模块叠箱共计 259 个，箱体梁柱构件均采用箱形截面，叠箱支撑采用钢板带。

多层教学楼项目预制钢构件种类有：H 型钢梁、钢柱、钢筋桁架楼承板、钢楼梯、模块箱体，共 5 种。其中箱体模块 132 个，共 14 种，最大模块尺寸为 12100mm（长）×4500mm（宽）×4000mm（高），箱体梁柱构件均采用箱形截面，材料为 Q355b。

2. 外围护系统设计

两个研究对象的外立面均采用单元式幕墙，通过一定的韵律组合、颜色变化和虚实对比形成最终的立面效果。外墙板的设计遵循单元化、模块化设计思路，尽量减少构件种类，通过色彩、肌理的变化，在构件规格相同的前提下组合出丰富的立面效果，实现装配式建筑特有的形体简洁、工艺精湛的工业化立面效果（见图 4-21）。

图 4-21　多层酒店外立面设计效果图

3. 内装系统设计

室内轻质隔墙统一采用轻钢龙骨内隔墙（玻镁板、水泥纤维板、石膏板），设计时采用了大量的标准模块，如框架柱采用方钢管柱，自上而下采用相同的外尺寸，隔墙位置的钢梁与结构专业协同，尽量采用相同的梁高，为轻质隔墙的尺寸、定位、安装标准化提供有利条件。酒店客房卫生间统一采用整体卫浴体系（见图 4-22）。

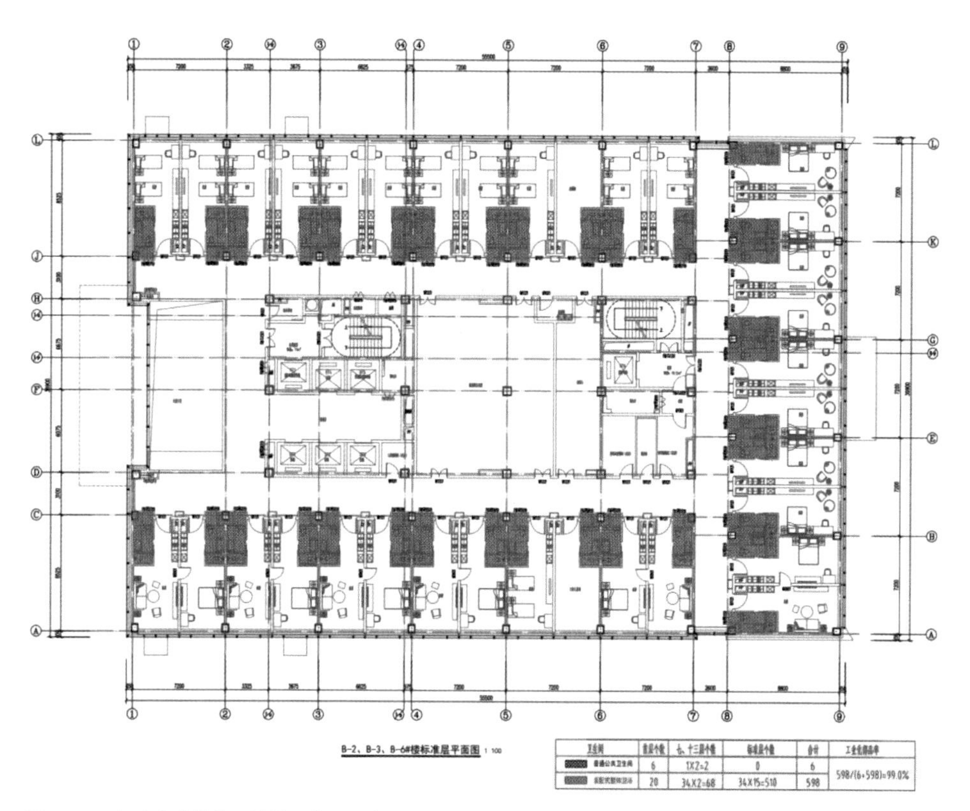


图 4-22　酒店客房整体卫浴平面布置示意图

4. 设备系统设计

机电系统主要由给水排水、暖通空调、电气等系统构成。工业化建造模式机电系统设计重点由单纯满足建筑使用功能的功能性设计，转为更注重基于 BIM 技术的机电管线集成技术，将设备管线集成为标准化模块，达到工业化生产和安装的目的。

多层酒店项目机电管线全部考虑在竖向管井内明装或在轻钢龙骨内隔墙和吊顶中敷设（见图 4-23 ~ 图 4-25），未在现浇楼板中进行预留预埋，能够实现机电管线与主体结构的完全分离。为保证舒适的净高，利用 BIM 技术提前进行机电综合模拟，在钢梁上预留好穿机电管线的孔洞，并尽可能与模块化体系配合做到预留洞口的标准化。

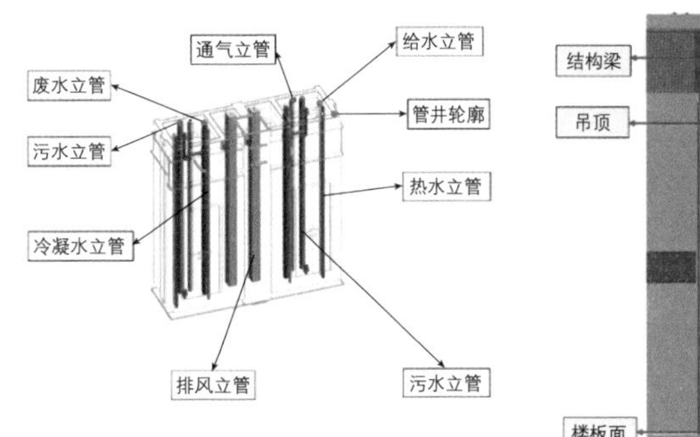


图 4-23　竖向管井管线布置图

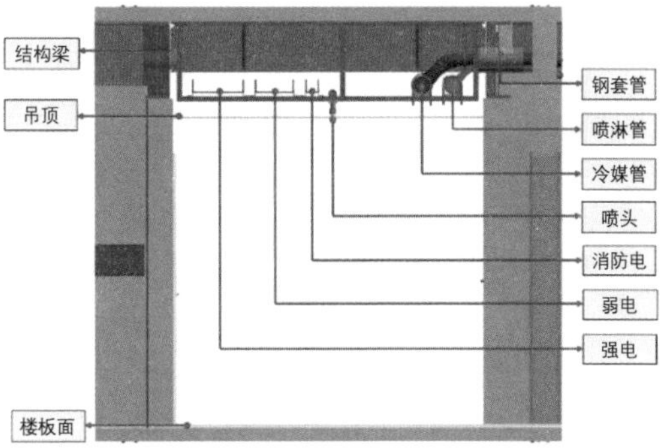

图 4-24　走道剖面图

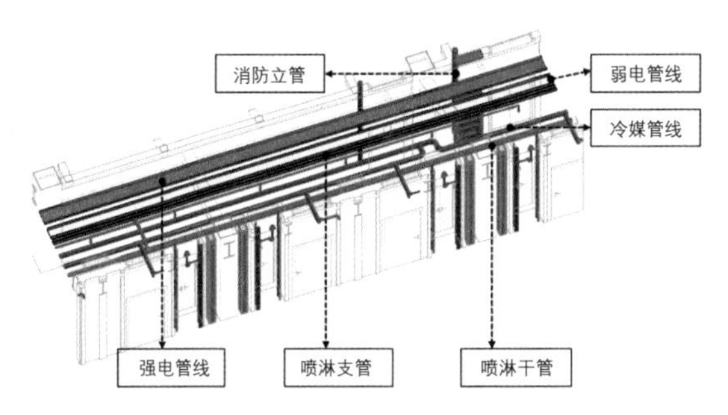


图 4-25　走道管线分离布置图

## 二、装配式钢结构技术

### 1. 结构系统设计

两个项目均采用钢框架结构体系（见图 4-26）。多层酒店项目预制钢构件种类有：

箱型钢柱、H 型钢梁、钢筋桁架楼承板，共 3 种。

多层酒店设计时采用的钢梁截面形式均为 H 型钢，截面类型共 9 种；钢柱截面形式均为箱形截面，截面类型共 3 种；钢筋桁架楼承板类型有 2 种（TD3-90、TD4-90）。

多层教学楼项目预制钢构件种类有：方钢、H 型钢梁、钢楼梯，共 3 种。截面类型共 6 种；钢筋桁架楼承板类型有 2 种（TD3-90、TD4-90）。

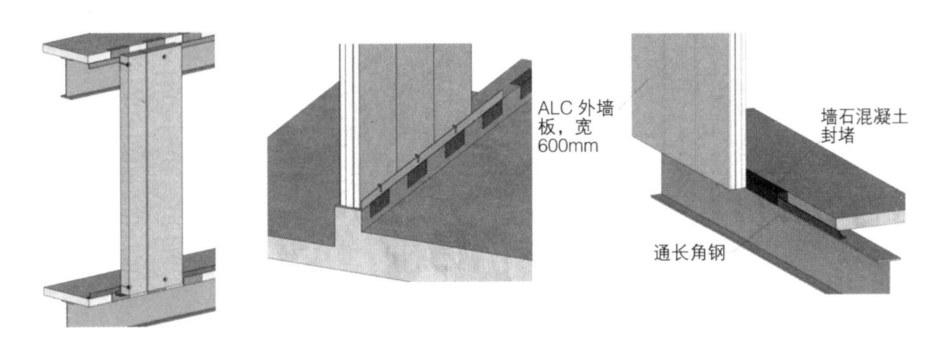


图 4-26 装配式钢结构围护体系构造

2. 内装系统设计

两个项目内墙采用统一规格的 600mm × 3000mm ALC 隔墙，内装系统采用装配式装修和整体卫浴体系。

3. 设备系统设计

同钢结构箱式模块化技术设备系统设计。

## 三、装配式混凝土技术

1. 结构系统设计

两个项目均采用钢筋混凝土框架结构，结构系统采用柱梁现浇 + 预制叠合楼板 + 预制楼梯。其中，多层酒店项目现浇部分的柱截面采用 600mm × 600mm，梁截面采用 300mm × 600mm，预制部分的楼梯构件有 2 种、楼板构件有 6 种；多层教学楼项目现浇部分的柱截面采用 600mm × 960mm，梁截面采用 350mm × 700mm，预制部分的楼梯构件有 2 种、楼板构件有 9 种。

2. 外围护系统设计

多层酒店的外围护采用外墙挂板构件，共 7 种（1.5$m^3$，3.63t）；多层教学楼的外围护采用外墙挂板构件，共 22 种（3.07$m^3$，7.7t）。构件节点采用标准化设计，其上端采用封闭箍与梁连接，下端采用永久脚码对构件进行限位。

3. 内装系统设计

多层酒店项目除首层无障碍卫生间采用传统工艺外，其余全部客房卫生间采用整体卫浴，客房区域地面采用架空地面，墙体采用龙骨系统，可以实现内隔墙与管线装饰一体化。多层教学楼项目教室区域地面采用自流平地胶，墙体采用龙骨系统或混凝土条板，龙骨系统可以实现内隔墙与管线装饰一体化。

4. 设备系统设计

同钢结构箱式模块化技术设备系统设计。

## 四、现浇混凝土技术

两个项目均采用标准化设计，结构系统采用现浇混凝土框架结构，外围护采用砌块方式 + 外墙装饰，内装采用装配式装修方式，设备系统与钢结构箱式模块化技术相同。

## 五、总结

装配式技术相比现浇技术增加了技术策划以及深化设计环节（见表 4-11），钢结构箱式模块化技术设计深度最高，装配式钢结构技术次之，装配式混凝土技术再次之，现浇混凝土技术设计深度最低。

设计内容对比表　表 4-11

| 建造方式 | 技术策划 | 方案设计 | 初步设计 | 施工图设计 | 深化设计 |
| --- | --- | --- | --- | --- | --- |
| 钢结构箱式模块化技术 | 四大系统技术选型 | 标准建筑单元模块优化 | 四种技术相同 | 四种技术相同 | 模块的深化设计（设计院与厂家共同完成） |
| 装配式钢结构技术 | 四大系统技术选型 | 标准钢构件优化 | 四种技术相同 | 四种技术相同 | 钢结构深化设计加工图（设计院与厂家共同完成） |
| 装配式混凝土技术 | 四大系统技术选型 | 标准混凝土构件优化 | 四种技术相同 | 四种技术相同 | 预制构件深化设计图（设计院与厂家共同完成） |
| 现浇混凝土技术 | 无 | 柱网的标准化 | 四种技术相同 | 四种技术相同 | 无 |

# 第四节　生产环节比较研究

与传统现场作业模式相比较，工厂化是工业化生产模式的显著特点。工厂化的生产模式主要是将建筑构件化，在设计阶段就需要考虑各个部位的建筑构件的类型、尺寸以及数量，以便于在工厂进行大量的生产，运输至现场进行组装。

## 一、钢结构箱式模块化技术

1. 模块数量统计

多层酒店项目单体建筑采用 259 个钢结构模块化箱体，整体项目共需要 1637 个箱体。

2. 产能要求与生产工艺

钢结构模块化工厂的场地需要具备生产单元、堆场、备件及成品仓、办公控制区的功能。以 20 万 $m^2$ 的工厂为例，钢结构模块（不含装修）的日产能为 60t，多层酒店项目的单个钢结构模块质量为 8t，因此 20 万 $m^2$ 的工厂日产能为 7.5 个模块。

多层酒店项目为满足 30 天供应 1637 个箱体的需求，理论上需要 11 个 20 万 $m^2$

的钢结构模块化工厂。项目实际上选用了 9 个钢结构模块化工厂和 5 个装修工厂，最终箱体设计产能高峰为 120 个模块 / 天，实际发货高峰为 85 个模块 / 天。

模块钢框架可分解为底架、顶架、前后端、左右侧墙六个二维模块，它们分别在各自工位进行独立焊接，然后转运至总装台进行整体拼装，钢结构箱体生产完成后转运至 5 个装修工厂进行内部装修及外侧幕墙安装（见图 4-27）。

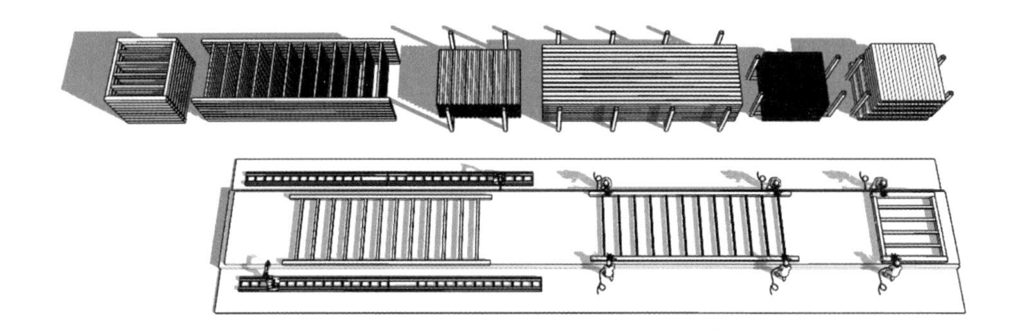

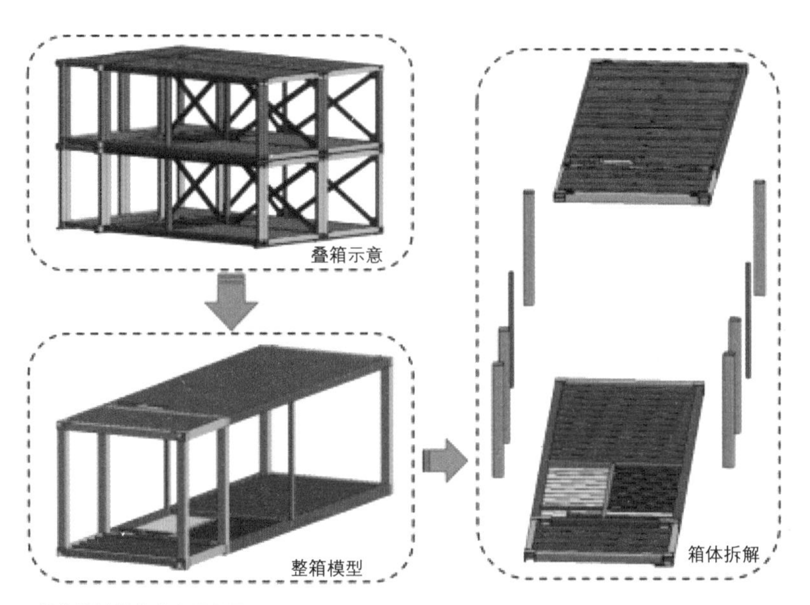


图 4-27 箱体模块结构生产示意图

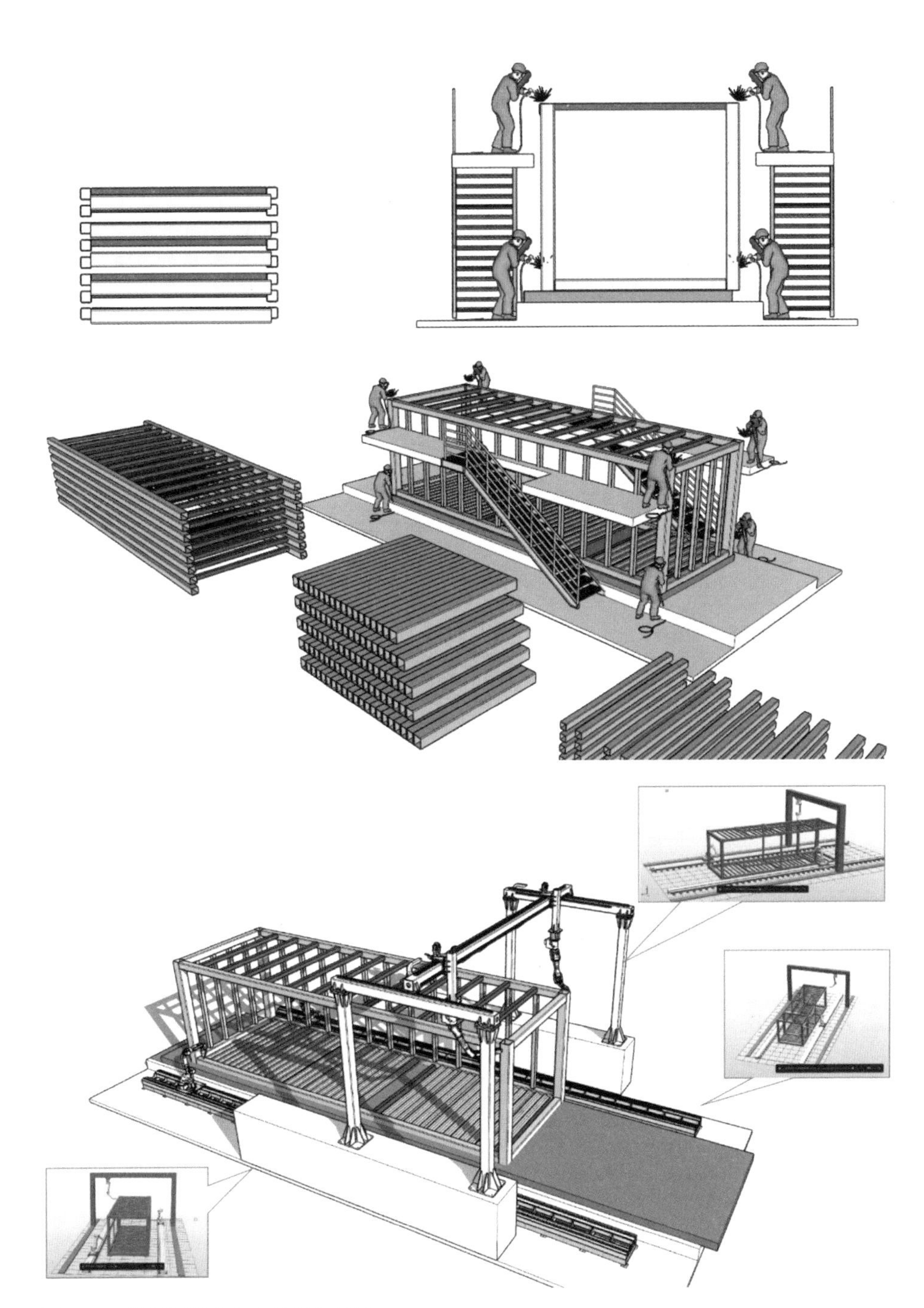

图 4-27　箱体模块结构生产示意图（续）

3. 运输要求

完成模块的内外装修后，将模块运输至施工现场进行吊装，因此交通运输也是模块化建造中的最重要环节之一。目前的主要运输方式为道路运输和海上运输。道路运输情况的考量包含各种因素，例如车辆类型、环境条件和道路适用性等。模块单元的大小在一定程度上取决于运输的经济性，运距不宜超过 150km。多层酒店项目选取的工厂中，最短直线距离为 50km，最长直线距离为 150km。单个结构箱体质量约为 8t，装修完成后的成品箱体（含幕墙）质量约为 20t。箱体运输包含结构制造厂与装修工厂、角件盒制造厂与结构制造厂之间的半成品运输，以及装修工厂至临时堆场、临时堆场至项目现场的成品箱体运输（见图 4-28）。

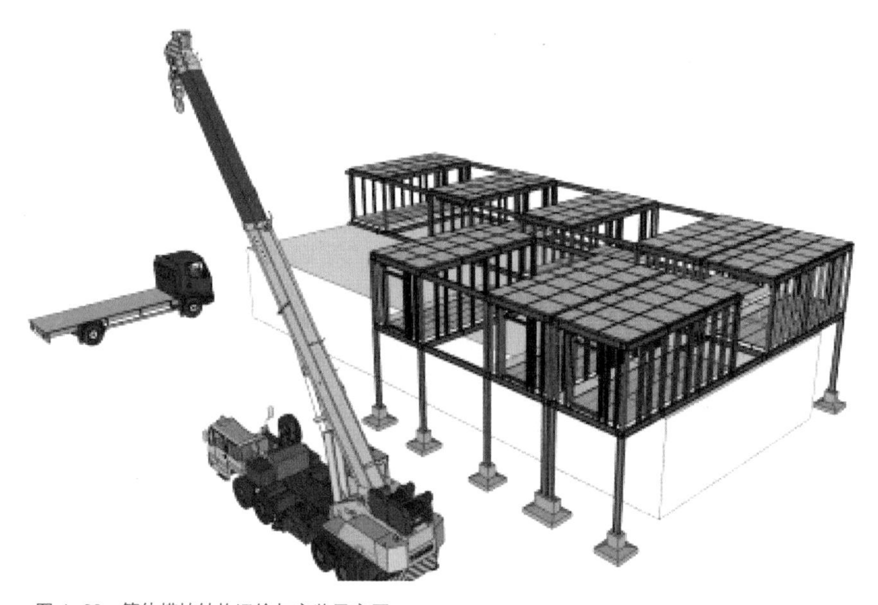

图 4-28 箱体模块结构运输与安装示意图

## 二、装配式钢结构技术

1. 钢结构构件数量统计

多层酒店项目单体结构部件以钢柱、钢梁及钢筋桁架楼承板为主，使用预制钢柱

370 个、预制钢梁 5268 个。

2. 产能要求与生产工艺

单体结构部件钢结构总用量为 1761t，考虑到批量化建设（6 栋）的需求，项目整体钢结构总用量约 10566t，由周边材料市场供应。

3. 运输要求

装配式钢结构构件的运输车辆上应设有可靠的构件固定措施，用钢丝带加紧固器绑牢，以防运输时构件受损。单车运输质量不应大于 30t。

## 三、装配式混凝土技术

1. 预制混凝土构件数量统计

多层酒店项目单体建筑共使用预制混凝土外墙挂板 292 块，预制叠合楼板 609 块，预制楼梯 28 个，单体建筑的预制混凝土总用量约为 980m$^3$。

2. 产能要求与生产工艺

考虑到项目为批量化建设（6 栋），整体项目预制混凝土总用量约为 5880m$^3$，因此预制构件厂需保证年最大产能 ≥ 6 万 m$^3$，即项目构件供应量占拟选预制构件厂年产量的比率 ≤ 10%，且对本项目优先供应，方能满足建设进度需求。

预制外墙构件的生产工艺包括模板组装、钢筋绑扎、预埋件安装、混凝土浇筑、脱模养护等步骤（见图 4-29）。一个班组有 4 ~ 6 人，一天完成约 16m$^3$ 的预制构件。

3. 运输要求

采用装配式混凝土技术的构件供应基地与项目之间的运输距离不宜超过 150km，运输效率需大于 60%，单车运输质量不大于 30t。

## 四、现浇混凝土技术

现浇混凝土建筑现场的主要周转性材料为给水排水、电气管材和钢筋，管材和钢

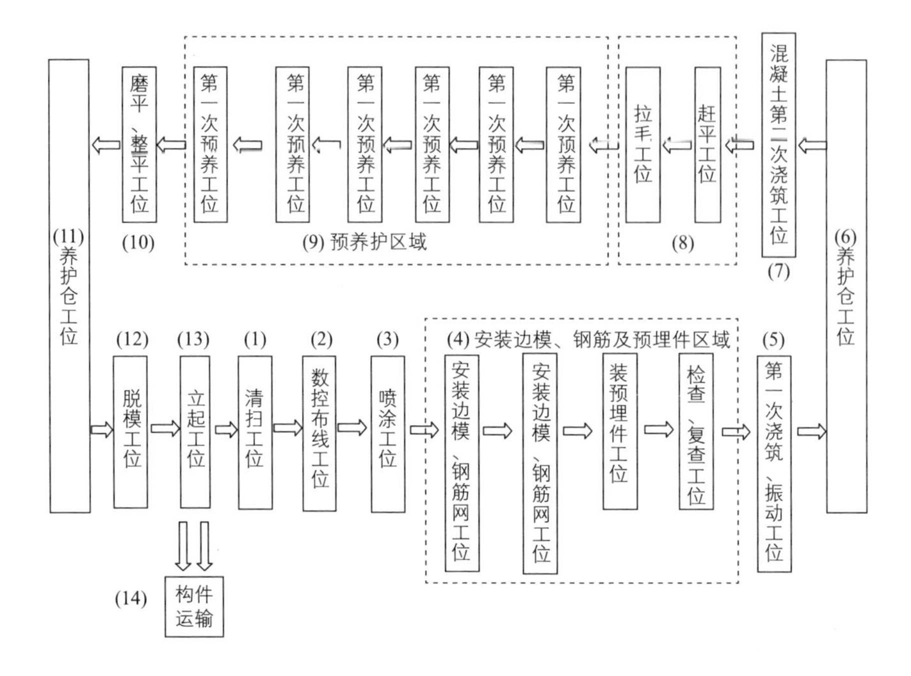


图 4-29 预制墙板工艺流程图

筋的加工制作均在现场进行，无需外加工生产。外加工材料主要为商品混凝土，其他机电安装设备和材料均可采购成品，无需定向外加工生产。

## 五、总结

### 1. 工厂化程度方面

不同建造模式生产环节的工厂化程度排序为：钢结构箱式模块化建筑 > 装配式混凝土建筑与装配式钢结构建筑 > 现浇混凝土建筑。钢结构箱式模块化建筑以“主体 + 装修”的批量生产 + 整个模块运输为主要特征；装配式混凝土建筑与装配式钢结构建筑以构件群的批量化生产、运输为主要特征；现浇混凝土建筑以商品混凝土、钢筋、装饰装修材料的采购与运输为主要特征。

2. 产能要求方面

钢结构箱式模块化建筑由于工期紧张，项目所需 1637 个箱体生产周期只有 30 余天，因此生产方需要具备 120 个模块 / 天的产能。这种技术体系更贴近工业制品的生产，集成度最高，因此对供应链的组织协调能力要求最高。装配式混凝土建筑采用预制混凝土构件，按照项目时间为 1.5 个月需完成全部构件供应要求，预制构件厂需要满足月供应 10000$m^3$ 的产能，对供应链有一定要求。装配式钢结构构件以及现浇混凝土建筑原材料相对单一，普通市场即可以满足，没有特殊要求。

3. 运输要求方面

钢结构箱式模块化建筑以模块为单位进行运输，受到路政管理与道路桥涵限高、限宽和道路转弯半径的限制，箱体三维最大尺寸一般限制在 17000mm（长）× 4500mm（宽）× 4200mm（高），因此运输效率最低。

装配式混凝土建筑以构件（墙、板、楼梯）为单位进行运输，运输时楼板可水平堆叠运输，墙板可垂直运输，运输效率在 60% 左右。

装配式钢结构建筑以钢柱、钢梁、钢筋桁架楼承板为单位进行运输，运输效率比预制混凝土构件高（巨型构件除外），可以达到 70%。

## 第五节　施工环节比较研究

不同的建造模式对现场吊装顺序、设备型号、施工工艺、堆场等有不同的要求。

### 一、钢结构箱式模块化技术

1. 吊装顺序分析

多层酒店项目的平面吊装施工流向为南北向的箱体由中间向两边进行安装，南北向箱体安装完成一层结构后才能开始安装东西向的箱体。第六、七层南北向的箱体需同时施工完成后才能进行第六、七层东西向箱体的安装。立面吊装施工流向为核心筒安装完成后，即插入箱体吊装施工。箱体吊装原则为一层一层吊装，即下层吊装完成后再进行上层吊装，箱体供应出现堆压情况时，可进行两层阶梯吊装（见图 4-30）。

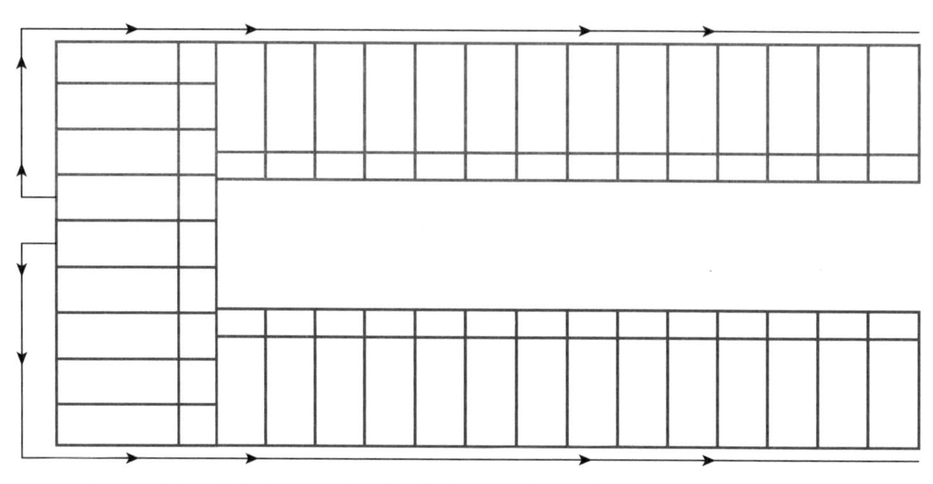

（a）A01栋二层模块编号（1~5层同楼层箱体进场顺序相同，装完一层后再进行下一层的安装）

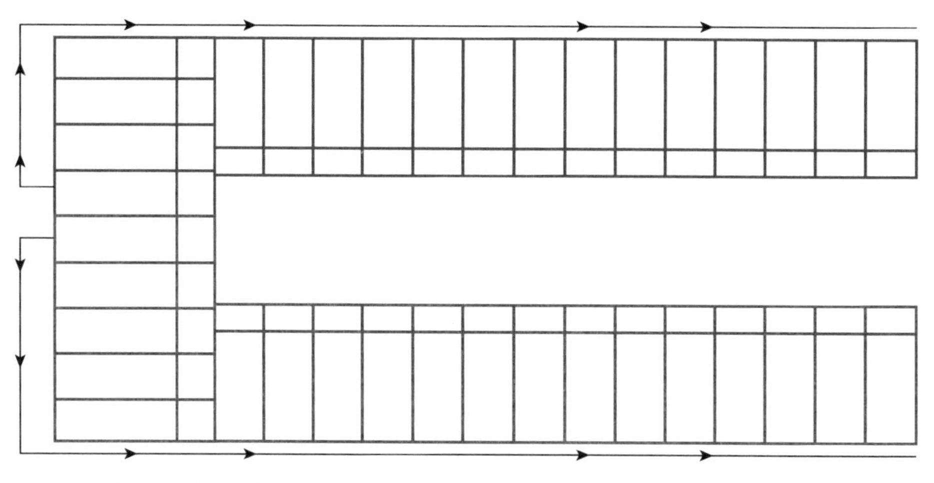

六、七层此处首先完成

（b）A02栋六、七层模块编号

备注：
1.现场分为两个施工分区（蓝色、洋红色）。单栋采用两台设备进行同步施工；
2.安装顺序按照箭头指向进行施工。

图 4-30　多层酒店项目模块吊装顺序

2. 施工工艺分析

钢结构箱式模块化标准层施工工艺需要经过钢框架结构施工、MM 板安装、模块吊装、高强度螺栓固定、各模块管线与主体管线衔接等主要步骤，如图 4-31 所示。

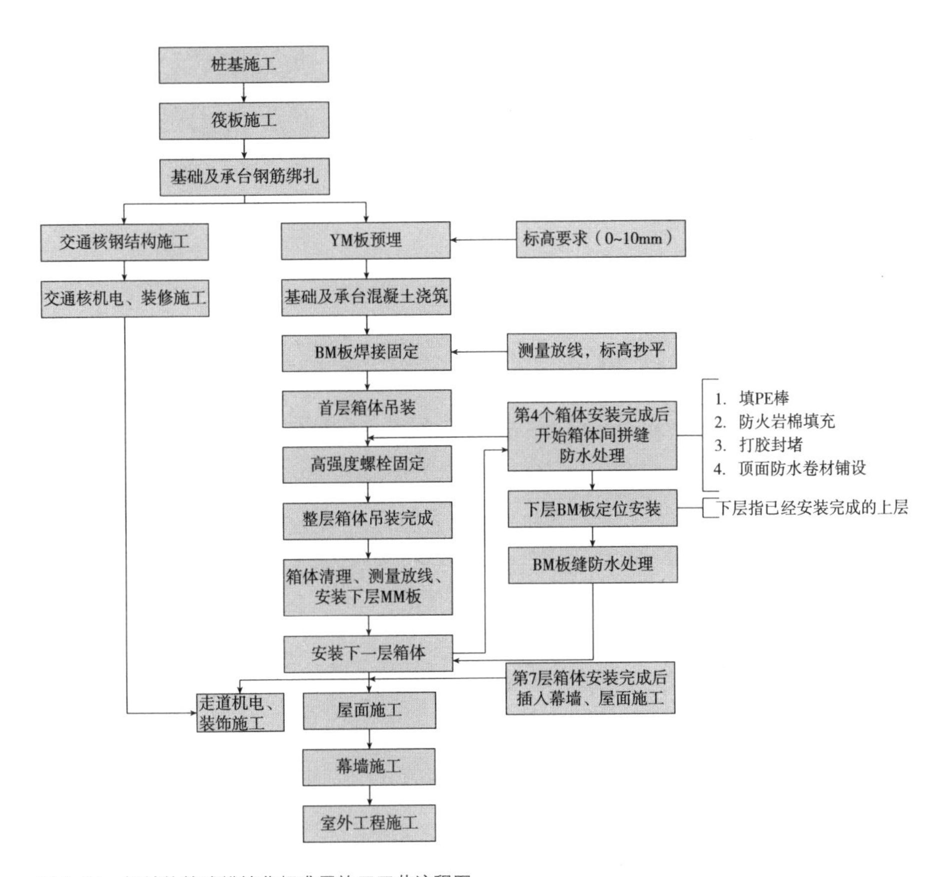


图 4-31 钢结构箱式模块化标准层施工工艺流程图

3. 堆场要求

由于现场场地狭小，为保证制作厂箱体的持续供应，计划于项目现场外部设置两个场外堆场用于箱体的临时堆放，如图 4-32 所示。

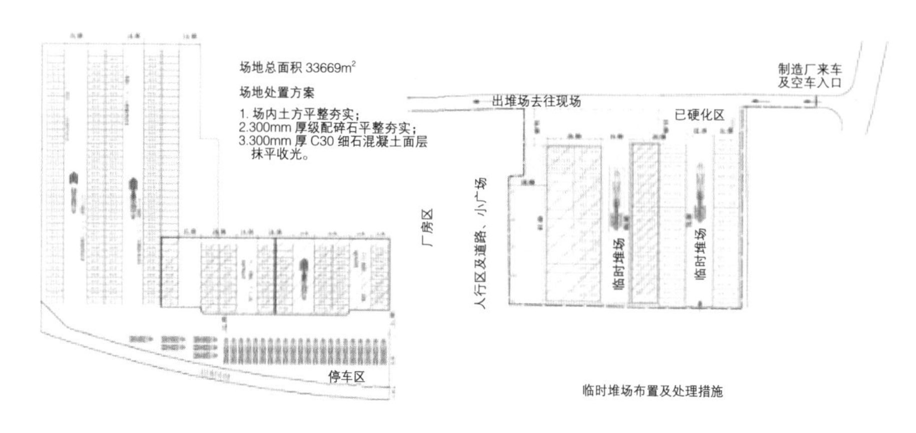


图 4-32　场外堆场（示意图）

4. 吊装设备参数

安装是模块化建筑建造过程中的关键环节。施工现场需要具有相应吊装能力的起重设备，以及足够用于接收和存放模块的空间。钢结构箱式模块化建筑由于模块自重超过 8t，因此采用 150t 履带式起重机、200t 履带式起重机、260t 履带式起重机、220t 汽车式起重机、300t 汽车式起重机进行吊装。

## 二、装配式钢结构技术

1. 吊装顺序分析

项目标准层施工期间，应分成两个时段吊装构件（见图 4-33），第一时段吊装钢柱、钢梁，第二时段吊装梁、楼板。

2. 施工工艺分析

装配式钢结构建筑施工顺序如下：施工放线→基础混凝土内预埋螺栓→吊装主体钢结构→安装固定→吊装支撑次结构→楼梯与电梯安装→围护墙体与窗体安装→楼板安装→内隔墙体安装。

3. 堆场要求

结构用料堆放区应设在单体建筑周边，在进行卸料加工的同时减少二次搬运，钢构件存放场地应重点考虑，也需设在建筑物周边；材料堆放区应设置在汽车式起重机覆盖范围内，根据钢构件吊重及回转半径选择汽车式起重机型号，确保满足正常吊装要求。

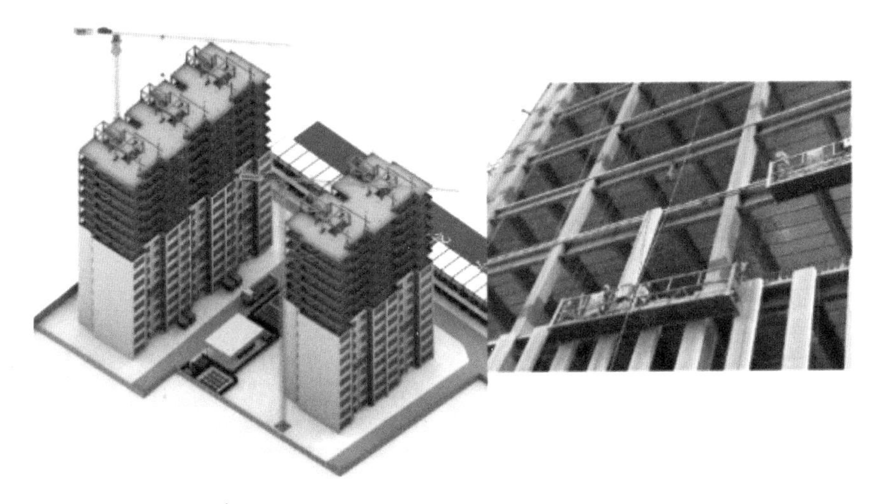

图 4-33　构件吊装示意图

4. 吊装设备参数

塔式起重机应覆盖钢筋加工车间、木工加工车间、周转材料堆场、钢结构构件堆场等主要场地；塔式起重机最大起重量应能满足施工要求；预制构件包括钢柱、钢梁、楼承板，构件最大质量不超过 4.6t。结合以上规定，初步选择平臂式 C7052 型号的塔式起重机进行地上装配式建筑施工，塔式起重机半径为 70m，吊重为 5.2t，能够满足施工吊装要求。

## 三、装配式混凝土技术

1. 吊装顺序分析

项目标准层施工期间，应分成两个时段吊装构件，第一时段吊装预制外墙挂板，第二时段吊装预制叠合楼板，构件都按顺时针方向依次吊装，如图 4-34 所示。

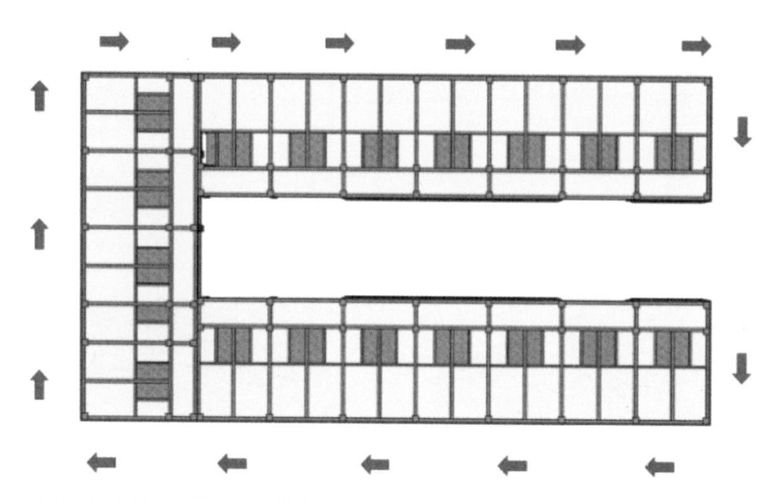

图 4-34 预制外墙挂板吊装顺序示意图

2. 施工工艺分析

两个项目施工工艺包含基础面找平、测量放线、预制外墙挂板吊装(临时脚码安装、斜撑支撑)、安装墙柱钢筋(墙柱水电施工)、预埋线管线盒、设置定位筋、安装墙柱铝模、对拉螺杆紧固、安装调整斜撑、防漏浆措施、检验校正、安装梁铝模、安装叠合楼板支撑、叠合楼板吊装、安装梁板钢筋(梁板水电安装)、收尾加固检查、混凝土浇筑、临时脚码拆除等几个施工环节。

3. 堆场要求

采用装配式混凝土技术的项目需在场地内集中或分散设置 1 ~ 2 个临时堆场，其面积应能满足一个标准层的构件堆放。构件堆放场地要平整、坚实，有排水措施。施工现场要根据不同预制构件的受力情况制定不同的堆放方式：预制叠合楼板、预制楼梯采用叠放方式，层间应垫平、垫实，垫块安放在构件吊点部位；预制墙板插放于墙板专用堆放架上。构件存放应按照吊装顺序及流水段配套堆放，存放区必须对构件进行分类分区存放，严禁同施工材料一同堆放。预制构件存放处应设置在单体塔式起重机有效吊重覆盖范围内。

4. 吊装设备参数

预制构件最大质量为 7.7t，需要配套 2 台塔式起重机（型号 8040）及 2 台汽车式起重机配合吊装。施工时应保证 2 台塔式起重机的工作效率，既不闲置又能满足施工吊次要求，同时也要充分考虑塔式起重机安装和拆除所需空间，满足塔式起重机安拆的要求。

## 四、现浇混凝土技术

1. 建筑主要施工顺序

现浇混凝土建筑的主要施工顺序为：基础工程→主体结构施工→结构预埋→二次结构施工→设备管线安装→外墙装饰→室内墙、顶、地面装饰→综合调试→验收。

2. 混凝土浇筑工艺流程

现浇混凝土建筑的浇筑工艺流程为：作业准备→放线定样→模板制作→钢筋绑扎→检查验收→商品混凝土运输到现场→混凝土质量检查（试块）→泵送至浇筑部位→柱、梁、板、墙、楼梯混凝土浇筑振捣→养护。

3. 施工环节分析

现浇混凝土建筑的施工关键环节是土建结构工程，结构混凝土的强度等级必须符合设计要求，用于检查结构构件混凝土强度的试件，应在混凝土的浇筑地点随机抽取。

混凝土运输、浇筑及间歇的全部时间不应超过混凝土的初凝时间，浇筑混凝土施工过程中，应注意保护钢筋位置及外砖墙、外墙板的防水构造的工程质量。同一施工段的混凝土应按照建筑分项工程施工工艺标准浇筑，即主体结构部分连续浇筑，并应在底层混凝土初凝之前将上一层混凝土浇筑完毕。当底层混凝土初凝后浇筑上一层混凝土时，应按施工技术方案中对施工缝的要求进行处理。

## 五、总结

1. 现场安装效率方面

不同技术体系施工环节的现场安装效率排序为：钢结构箱式模块化建筑 > 装配式

钢结构建筑 > 装配式混凝土建筑 > 现浇混凝土建筑。

钢结构箱式模块化建筑的安装关键点是模块的吊装以及模块与模块接口的连接；装配式混凝土建筑的安装关键点是预制构件的吊装以及构件与现浇的干 / 湿式连接；装配式钢结构建筑的安装关键点是钢构件吊装以及构件间的铆接焊接连接；现浇混凝土建筑的施工关键点是模板 + 现场浇筑。

2. 堆场与塔式起重机要求方面

钢结构箱式模块占地面积大，无法在施工现场进行堆存，需要设置转运堆场集中存放，或设置局部随运随吊的现场条件；装配式钢结构建筑与装配式混凝土建筑现场需设置构件存放堆场，且应满足塔式起重机可以起吊的最远吊距与最大吊重要求。

因此，若比较堆场大小，则排序为：钢结构箱式模块化建筑 > 装配式混凝土建筑 > 装配式钢结构建筑 > 现浇混凝土建筑。若比较塔式起重机 / 汽车式起重机型号，则排序为：钢结构箱式模块化建筑 > 装配式混凝土建筑 > 装配式钢结构建筑 > 现浇混凝土建筑。

考虑到交通对产品到场及时性的影响，对于场地狭窄的模块化建筑建议采用堆场转运方式。

## 第六节　碳排放比较研究

2020 年中国提出了“碳达峰”和“碳中和”的双碳目标。建筑作为碳排放的主要来源之一，如何减少“高耗能、高排放”项目的出现，发展绿色节能建筑，助力实现“碳达峰”和“碳中和”已经成为未来建筑行业的共同目标。

### 一、研究方法

1. 计算边界

在建筑的全生命周期中，计算碳排放的主要阶段可分为建材生产及运输、建筑建造、建筑运行、拆除四个阶段。同时，考虑到部分结构材料拆除后可以循环再利用从而降低碳排放，故增加回收阶段（表 4–12）。

四种建造方式在建筑全生命周期中的阶段划分　表 4–12

| 现浇混凝土技术体系 | 钢结构 /PC/MiC |
| --- | --- |
| 1. 建材生产及运输阶段（$C_{JC}$） | 1. 建材生产及运输阶段（$C_{JC}$） |
| （1）建材生产阶段（$C_{SC}$） | （1）建材生产阶段（$C_{SC}$） |
|  | （2）工厂化生产阶段（$C_{GC}$） |
| （2）运输阶段（$C_{ys}$） | （3）运输阶段（$C_{ys}$） |
| 2. 建造阶段（$C_{JZ}$） | 2. 建造（装配）阶段（$C_{JZ}$） |
| 3. 运行阶段（$C_{M}$） | 3. 运行阶段（$C_{M}$） |
| 4. 拆除（$C_{CC}$） | 4. 拆除（$C_{CC}$） |
| 5. 回收阶段（$C_{HS}$） | 5. 回收阶段（$C_{HS}$） |

在本次分析研究中，同一栋建筑的能源、围护结构的热工系数、门窗、内装等都采用统一设计标准，根据统计分析仅主结构建材的不同对运行阶段的碳排放几乎无影响，所以其运行阶段的碳排放和碳汇都基本相同，本次不对运行阶段（$C_{M}$）阶段进行分析，主要从结构建材生产及运输阶段 $C_{JC}$、建造阶段 $C_{JZ}$、拆除 $C_{CC}$ 和回收阶段 $C_{HS}$ 四个阶段进行分析。

2. 相关数据及资料

本次碳排放比较研究根据以下相关数据及资料计算分析完成：

（1）《建筑碳排放计算标准》GB/T 51366—2019；

（2）《深圳市公共建筑能耗标准》SJG 34—2017；

（3）《深圳市建筑装饰碳排放计算标准》；

（4）广东省《建筑碳排放计算导则》。

3. 计算方法

根据实际案例建立四种不同的模型，结合工程量清单采用碳排放因子计算法，分别计算各阶段单位建筑面积的碳排放指标。

根据《建筑碳排放计算标准》GB/T 51366—2019，建筑单位面积的碳排放计算公式可为：

$$C=C_{JC}+C_{JZ}+C_{CC}-C_{HS}$$

式中 $C$——单位建筑面积的碳排放量；

$C_{JC}$——建材生产及运输阶段单位建筑面积的碳排放量；

$C_{JZ}$——建造阶段单位建筑面积的碳排放量；

$C_{CC}$——拆除阶段单位建筑面积的碳排放量；

$C_{HS}$——回收阶段单位建筑面积的减碳碳排放量。

本书中主要建筑材料碳排放因子根据《建筑碳排放计算标准》GB/T 51366—2019取值为：混凝土 295kg$CO_2$e/$m^3$（按 C30 等级取值），钢筋 / 钢材 2350kg$CO_2$e/t。

## 二、不同建造模式建筑碳排放分析

1. 生产和回收阶段

本书将建材的生产和回收同时考虑到碳排放的计算中，由于此四种建造方式的主要建材对碳排放有影响的集中于钢筋混凝土和钢材这两种，所以其他建材使用量的差值忽略不计。

根据《建筑碳排放计算标准》GB/T 51366—2019 生产阶段碳排放可以由以下公式计算：

$$C_{SC}=\sum_{i=1}^{n} M_i F_i$$

式中 $M_i$——第 $i$ 种主要建材单位建筑面积的消耗量；

$F_i$——第 $i$ 种主要建材的碳排放因子（按该标准附录 D 取值）。

回收阶段参考碳排放交易网数据，钢筋按照 50%，钢材按照 90% 循环利用；回收废钢回炉每吨粗钢碳排放取 700kg；混凝土零回收来计算；回收阶段计算公式为：

$$C_{HS}=(0.5\times M_{钢筋}+0.9\times M_{钢材})\times(2350-700)$$

式中 $M_{钢筋}$，$M_{钢材}$——钢筋和型钢建材的单位建筑面积消耗量。

计算结果见表 4-13、图 4-35。

生产和回收阶段碳排放量　　表 4-13

| 结构形式 | 混凝土用量 ($m^3/m^2$) | 钢筋用量 ($kg/m^2$) | 钢材用量 ($kg/m^2$) | $C_{SC}$ ($kgCO_2/m^2$) | $C_{HS}$ ($kgCO_2/m^2$) | $C_{SC}-C_{HS}$ ($kgCO_2/m^2$) |
|---|---|---|---|---|---|---|
| 现浇钢筋混凝土结构 | 0.45 | 50 | — | 250.25 | 41.25 | 209 |
| 钢结构 | 0.12 | — | 140 | 364.4 | 207.9 | 156.5 |
| PC | 0.5 | 55 | — | 276.75 | 45.38 | 231.37 |
| MiC | 0.12 | — | 350 | 857.9 | 519.75 | 338.15 |

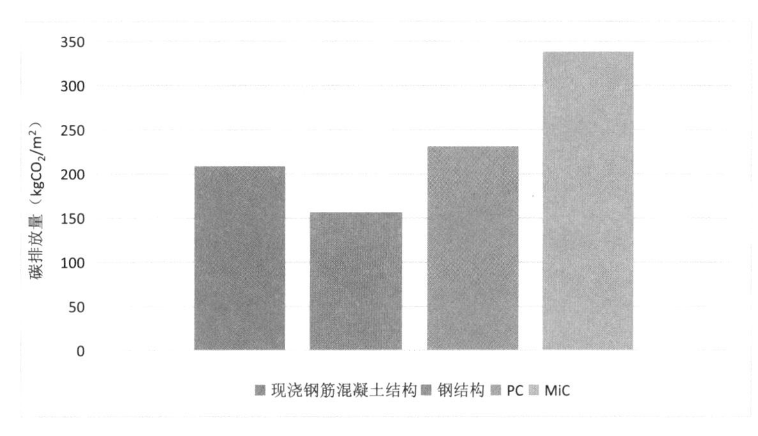


图 4-35　四种结构形式主要建筑材料生产和回收阶段单位面积碳排放量比较

由图 4-35 可知，在建材生产阶段，从材料方面看钢材要比混凝土的碳排放高，分别高 114.15 ~ 607.65$kgCO_2/m^2$，在考虑材料的回收循环利用后，装配式钢结构的碳排放分别比现浇钢筋混凝土结构和 PC 低 52.5$kgCO_2/m^2$、74.87$kgCO_2/m^2$。但 MiC 箱式钢结构模块化的碳排放仍较高，比装配式钢结构高 181.65$kgCO_2/m^2$。主要原因是 MiC 箱式钢模块化的用钢量要比其他结构形式高很多，是装配式钢结构的 2.5 倍，混凝土结构的 6.4 ~ 7.0 倍。在本项目中，箱式模块化建造方式有大量的双梁双柱，甚至四梁四柱，因此用钢量倍增；另外，钢结构模块化的钢型几乎都是方管和矩管钢，而装配式钢结构在柱、结构梁上采用 H 型钢。

所以从建材生产和回收阶段看装配式钢结构建筑具有绿色低碳特性，以后在建筑结构选型中应充分发挥其高效、循环、绿色的特性。但是钢材在生产阶段的碳排放还是较高的，所以为更好地发挥特性，要降低原材料生产消耗，实现源头减排；同时还要优化设计，都将是未来钢结构建筑的发展方向。

2. 运输阶段

运输阶段碳排放根据《建筑碳排放计算标准》GB/T 51366—2019 计算，各建造方式建材用量取自实际工程量清单及试设计工程量清单，计算公式为：

$$C_{ys}=\sum_{i=1}^{n} M_i D_i T_i$$

式中　$M_i$——第 $i$ 种建材的单位建筑面积消耗量；

$D_i$——第 $i$ 种建材平均运输距离（根据《建筑碳排放计算标准》GB/T 51366—2019 附录 E，此项目混凝土材料的运输距离取 40km，钢筋和钢材的运输距离取 500km）；

$T_i$——第 $i$ 种建材的运输方式下，单位重量运输距离的碳排放因子 [$kgCO_2e$/（t · km）]。

计算结果见表 4-14、图 4-36。

运输阶段碳排放量　　表 4-14

| | 碳排放量（$kgCO_2/m^2$） | | | |
|---|---|---|---|---|
| 运输阶段 | 现浇钢筋混凝土结构 | 钢结构 | PC | MiC |
| | 25.40 | 30.05 | 26.13 | 36.29 |

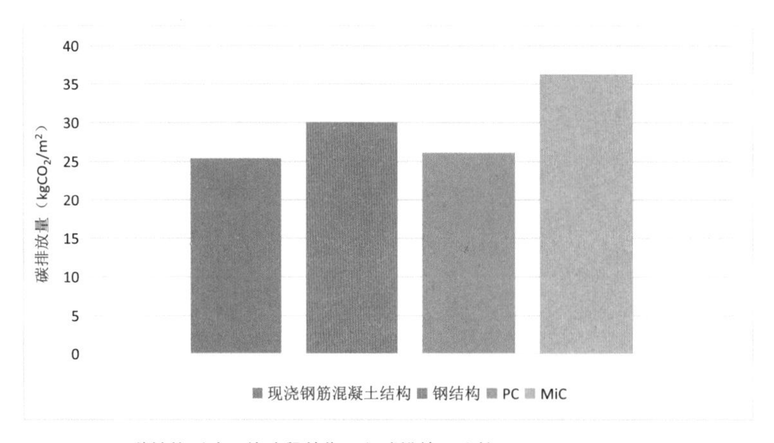


图 4-36　四种结构形式运输阶段单位面积碳排放量比较

在运输阶段，钢结构比混凝土碳排放高 4.65kg$CO_2$/$m^2$；箱式钢结构模块化 MiC 比装配式混凝土 PC 高 10.16kg$CO_2$/$m^2$；PC 比现浇钢筋混凝土高 0.73kg$CO_2$/$m^2$；箱式钢结构模块化 MiC 比钢结构高 6.24kg$CO_2$/$m^2$。由以上分析看出，建造方式的工业化程度越高、集成度越高，运输阶段的碳排放量越大。

3. 建造阶段

建造阶段碳排放根据《建筑碳排放计算标准》GB/T 51366—2019 计算，各建造方式能源用量取自实际工程量清单及试设计工程量清单，计算公式为：

$$C_{JZ}=\sum_{i=1}^{n}E_{jz,i}\,EF_i/A$$

式中 $E_{jz,i}$——建筑建造阶段第 $i$ 种能源总用量（kWh 或 kg）；

$EF_i$——第 $i$ 类能源的碳排放因子（kg$CO_2$/kWh 或 kg$CO_2$/kg）；

$A$——建筑面积（$m^2$）。

计算结果见表 4-15、图 4-37。

建造阶段碳排放量 表 4-15

| | 碳排放量（kg$CO_2$/$m^2$） | | | |
|---|---|---|---|---|
| 建造阶段 | 现浇钢筋混凝土结构 | 钢结构 | PC | MiC |
| | 50.79 | 14.22 | 14.50 | 5.16 |

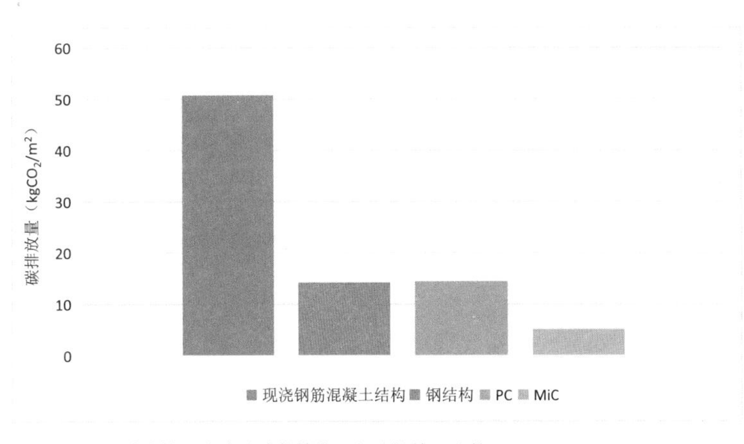


图 4-37 四种结构形式建造阶段单位面积碳排放量比较

由计算结果得出，在建造阶段箱式钢结构模块化 MiC 的碳排放比现浇钢筋混凝土低约 45.63kg$CO_2$/m$^2$，比 PC 低 9.34kg$CO_2$/m$^2$，比钢结构低 9.06kg$CO_2$/m$^2$，建造方式的集成度越高，其建造阶段的碳排放量越低。未来建筑的建造方式应该更加工业化、集成化、智能化、数字化，以达到“碳达峰”“碳中和”的两大目标。

4. 拆除阶段

拆除阶段碳排放根据《建筑碳排放计算标准》GB/T 51366—2019 计算，各建造方式能源用量取自实际工程量清单及试设计工程量清单，计算公式与建造阶段基本相同，为：

$$C_{CC}=\sum_{i=1}^{n} E_{CC,i} EF_i / A$$

式中 $E_{CC,i}$——建筑拆除阶段第 $i$ 种能源总用量（kWh 或 kg）；

$EF_i$——第 $i$ 类能源的碳排放因子（kg$CO_2$/kWh 或 kg$CO_2$/kg）；

$A$——建筑面积（m$^2$）。

计算结果见表 4-16、图 4-38。

拆除阶段的碳排放量 表 4-16

| | 碳排放量（kg$CO_2$/m$^2$） | | | |
|---|---|---|---|---|
| 建造阶段 | 现浇钢筋混凝土结构 | 钢结构 | PC | MiC |
| | 45.72 | 14.0 | 10.71 | 3.35 |

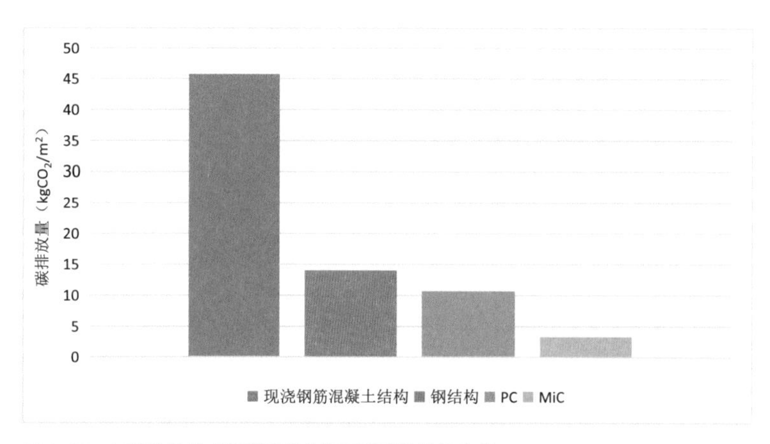


图 4-38 四种结构形式拆除阶段单位面积碳排放量比较

5. 四种建造方式单位面积的总碳排放分析

将不同建造方式的四个主要阶段碳排放汇总，可以得到不同建造方式的总碳排放分析（除运行阶段）。根据计算，四个建造方式中，钢结构建筑单位面积碳排放最少，PC 装配式混凝土建筑次之，MiC 建筑与现浇钢筋混凝土建筑的碳排放偏高，其中 MiC 建筑单位面积碳排放最高，为 382.95kg$CO_2$/$m^2$。

四种建造方式单位面积的总碳排放量　表 4-17

| 结构形式 | 生产与回收阶段 (kg$CO_2$/$m^2$) | 运输阶段 (kg$CO_2$/$m^2$) | 建造阶段 (kg$CO_2$/$m^2$) | 拆除阶段 (kg$CO_2$/$m^2$) | 小计 (kg$CO_2$/$m^2$) |
|---|---|---|---|---|---|
| 现浇钢筋混凝土结构 | 209 | 25.4 | 50.79 | 45.72 | 330.91 |
| 钢结构 | 156.5 | 30.05 | 14.72 | 14 | 215.27 |
| PC | 231.37 | 26.13 | 14.5 | 10.71 | 282.71 |
| MiC | 338.15 | 36.29 | 5.16 | 3.35 | 382.95 |

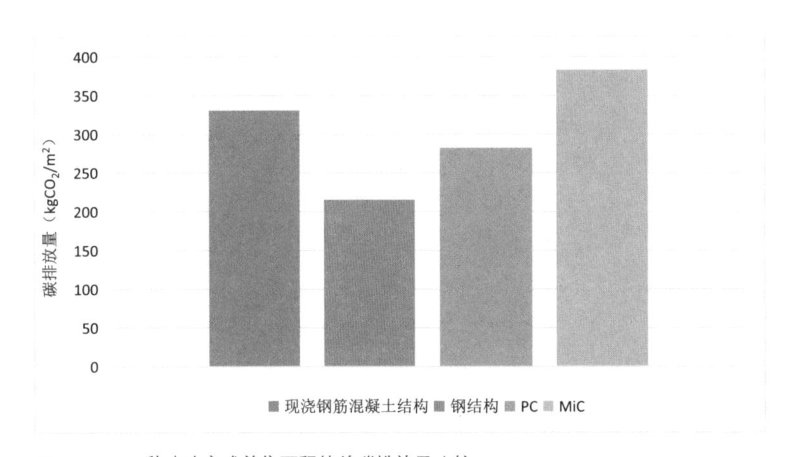


图 4-39　四种建造方式单位面积的总碳排放量比较

## 三、总结

通过以上结果，可以分析得出如下结论和建议：

（1）装配式钢结构是实现绿色低碳的最佳途径。

（2）装配式建筑设计模数化，工厂生产工艺的优化、自动化、标准化能提高建筑材料的利用率，降低生产过程中的 $CO_2$ 排放量，从而降低预制构件产品的生产成本。

（3）钢铁企业与钢结构研发、设计、制造、工程全产业链协同不足，供给方式局限增加了运输阶段的碳排放。绿色建筑项目应当综合分析考虑运输作业时间、运输方式、运输路径、构件装载方案等影响因素，更好地组织物流运输，减少不必要的二次运输。

（4）在建造阶段，更加工业化、集成化、智能化、数字化的建造模式明显减少了碳排放的总量，其中 MiC 碳排放约是现浇混凝土建筑的 10%。拆除阶段亦是如此。

（5）实行低碳施工管理方式，通过先进施工机械达到节约水、电、材料等资源和能源的目标。

（6）在材料的回收利用率上钢结构有很大优势，减碳率能达到 60% 左右。针对建筑垃圾采取分类处理回收技术，可以有效地提升建筑材料的回收利用效率。建材回收利用效率的提升对于碳减排具有重要的意义。

（7）本次研究未考虑结构维护和材料设备更新，随着碳排放计算软件的成熟和设计的深入，可以继续深化研究。

## 四、展望

装配式建筑凭借着绿色施工、工程质量好、节材省工逐渐被认可。

发展钢结构建筑是建筑业转型升级的方向。以标准化、智能化为抓手，完善以装配式钢结构为主体的智能建造体系；构建钢铁 – 建筑产业互联网协同平台，通过建筑产品定制化、建筑生产工业化，形成建筑业全新的生产模式，降低整体成本。

钢铁产业与建筑产业的无缝衔接、绿色互动，对实现“双碳”目标潜力巨大、前景无限。

## 第七节　建造周期与验收节点比较研究

建筑的建造周期受到政策、社会环境等各种因素的影响，因此本节研究内容只比较理想情况下不同建造模式的设计、生产和施工验收周期，暂不考虑报审、招标等因素对项目建造时间的影响。

### 一、钢结构箱式模块化技术

1. 设计周期

以多层酒店单体建筑为例，钢结构箱式模块化建筑的方案设计需要 3 天，模块化建筑深化设计（结构 / 机电 / 内装）需要 13 天，施工图设计需要 7 天，设计周期共计 23 天。

2. 生产周期

钢结构箱式模块化建筑深化设计结束后，建筑模块开始生产 12 天后首套箱体进堆场进行装修，首批模块装修完成历时 18 天，堆场装修与后续的箱体生产、装修与现场施工安装可并行，历时 20 天，生产周期共计 32 天。

3. 施工周期

建筑基础施工需要 35 天，首批模块吊装需要 5 天，全部模块完成安装需要 25 天；公共区域装修与设备安装需要 30 天，验收需要 15 天，施工周期共计 110 天。

4. 验收节点

钢结构箱式模块化建筑的验收节点应包含：首批模块主体验收、首个成品模块验收（含主体、设备与装修）、首个模块吊装验收、首个标准层验收、竣工验收等。

5. 总工期

整个项目从开工到竣工交付用时共计 133 天。建造周期进度安排如图 4-40 所示。

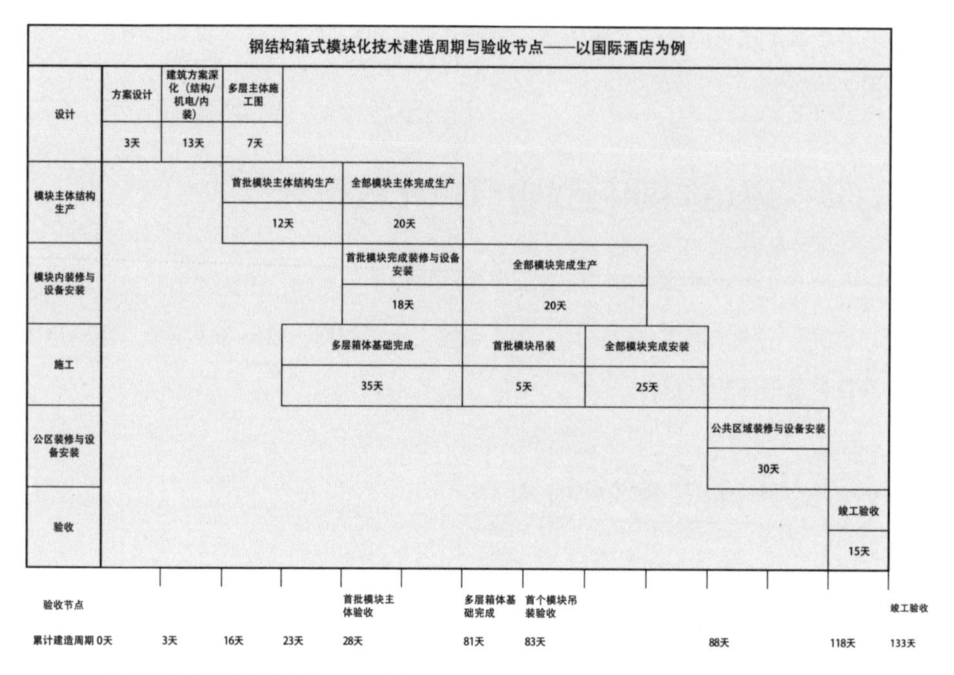


图 4-40　钢结构箱式模块化技术建造周期进度安排

## 二、装配式钢结构技术

1. 设计周期

以多层酒店单体建筑为例，装配式钢结构建筑的方案设计需要 10 天，施工图设计需要 30 天，设计周期共计 40 天。

2. 生产周期

钢结构厂家深化图纸约需要 30 天，第一批构件完成加工生产配送到场约需要 60 天，生产周期共计 90 天，之后生产与现场施工安装可以并行。

3. 施工周期

建筑基础施工完工后进行主体施工，钢结构建筑主体施工约需要 90 天，装修与设备安装约需要 60 天，验收约需要 15 天，施工周期共计 165 天。

4. 验收节点

装配式钢结构建筑的验收节点应包含：首个构件吊装验收、首个幕墙样板吊装验收、客房样板间验收、竣工验收等。

5. 总工期

整个项目从开工到竣工交付用时共计约 295 天。建造周期进度安排如图 4–41 所示。

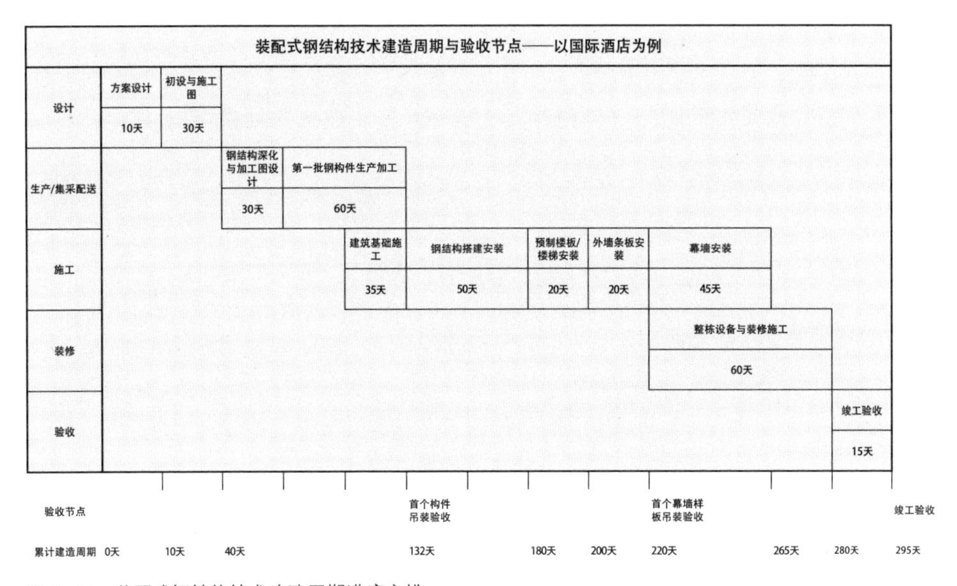


图 4–41　装配式钢结构技术建造周期进度安排

## 三、装配式混凝土技术

1. 设计周期

以多层酒店单体建筑为例，装配式混凝土建筑的方案设计约需要 10 天，施工图设计需要 30 天，深化设计需要 15 天，设计周期共计 55 天。

2. 生产周期

装配式混凝土建筑的预制外墙挂板、预制叠合楼板、预制楼梯由预制构件厂生产，其中模具制作在深化设计完成后需要 20 天，模具制作完成到第一批预制构件生产需要 30 天，共计 50 天，之后生产与现场施工安装可以并行。

3. 施工周期

建筑基础施工完工后进行主体施工，主体施工 7 ~ 10 天一层，7 层共计需要 50 ~ 70 天。装配式装修与设备施工需要 50 ~ 70 天，验收需要 15 天。

4. 验收节点

装配式混凝土建筑的验收节点应包含：首个构件生产验收、铝模预拼装验收、首个构件吊装验收、首个标准层验收、装修样板间验收、竣工验收等。

5. 总工期

整个项目从开工到竣工交付用时共计约 260 天。建造周期进度安排如图 4-42 所示。

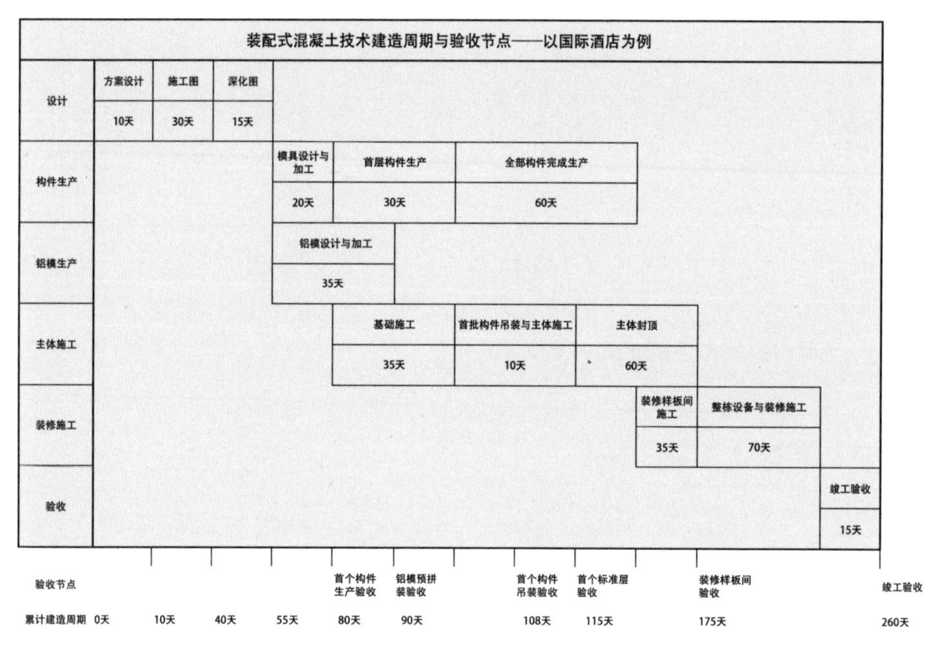


图 4-42 装配式混凝土技术建造周期进度安排

## 四、现浇混凝土技术

1. 设计周期

以多层酒店单体建筑为例，现浇混凝土建筑的方案 + 施工图设计周期共计 55 天。

2. 施工 + 竣工验收周期

现浇混凝土建筑的结构、建筑、机电安装及装修施工验收周期约 345 天。

3. 总工期

整个项目从开工到竣工交付用时共计约 400 天。建造周期进度安排如图 4-43 所示。

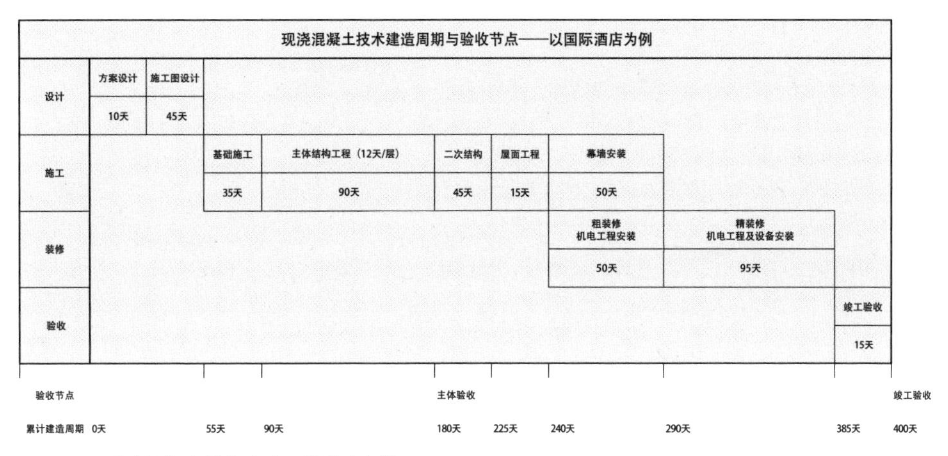


图 4-43　现浇混凝土技术建造周期进度安排

## 五、总结

不同建造模式的建造周期排序为：钢结构箱式模块化建筑 133 天 < 装配式混凝土建筑 260 天 < 装配式钢结构建筑 295 天 < 现浇混凝土建筑 400 天。多层酒店项目使用了模块化建造技术，仅用 44 天（实现流水作业后的现场安装时间）即建成了 2 栋 7 层的三星级酒店，相比同规模的传统建筑工期压缩时间比例为 65% ~ 75%。工业化建筑以标准化产品为基础，工业化建筑是以工厂工程量和现场工程量的合理组合为

核心，在工厂流水线上的工程量越多，并行工作的时间越多，周期就越短。多层酒店项目生产阶段和现场安装阶段的工程量之比大约为 7 ∶ 3。

# 第八节 建造成本比较研究

本次工程造价的计算，不采用《工程造价改革工作方案》（建办标 [2020]38 号）试行的市场计价模式，主要原因是基础计价数据库并不完善，为将不同建造模式在同等条件下进行分析比较，故仍按传统的清单计价模式（套用定额）进行计算。

## 一、案例项目造价概算

（1）多层教学楼项目不同建造模式造价汇总见表 4-18。

多层教学楼项目不同建造模式造价汇总表（元） 表 4-18

| 序号 | 建造方式 | 建筑面积（$m^2$） | 建筑、结构 | 外墙装饰 | 内装饰 | 机电 | 综合 |
|---|---|---|---|---|---|---|---|
| 1 | 现浇混凝土技术 | 5750.75 | 9938794.39 | 2753604.35 | 7370327.70 | 6352072.64 | 26414799.08 |
| | | 单平方米 | 1728.26 | 478.83 | 1281.63 | 1104.56 | 4593.28 |
| 2 | 装配式混凝土技术 | 5750.75 | 12615144.53 | 2753604.35 | 7370327.70 | 6352072.64 | 29091149.22 |
| | | 单平方米 | 2193.65 | 478.83 | 1281.63 | 1104.56 | 5058.67 |
| 3 | 装配式钢结构技术 | 5750.75 | 20775099.58 | 2753604.35 | 7370327.70 | 6352072.64 | 37251104.27 |
| | | 单平方米 | 3612.59 | 478.83 | 1281.63 | 1104.56 | 6477.61 |
| 4 | 钢结构箱式模块化技术 | 5750.75 | 30607927.39 | 2753604.35 | 7370327.70 | 6352072.64 | 47083932.08 |
| | | 单平方米 | 5322.42 | 478.83 | 1281.63 | 1104.56 | 8187.44 |

（2）多层酒店项目不同建造模式造价汇总见表 4-19。

多层酒店项目不同建造模式造价汇总表（元）　表 4-19

| 序号 | 建造方式 | 建筑面积（$m^2$） | 建筑、结构 | 幕墙 | 装饰 | 机电 | 综合 |
|---|---|---|---|---|---|---|---|
| 1 | 现浇混凝土技术 | 12545.50 | 17362063.94 | 6379077.03 | 26881589.02 | 17707718.66 | 68330448.65 |
| | | 单平方米 | 1383.93 | 508.48 | 2142.73 | 1411.48 | 5446.61 |
| 2 | 装配式混凝土技术 | 12545.50 | 21762085.91 | 6379077.03 | 26881589.02 | 17707718.66 | 72730470.62 |
| | | 单平方米 | 1734.65 | 508.48 | 2142.73 | 1411.48 | 5797.34 |
| 3 | 装配式钢结构技术 | 12545.50 | 39722715.58 | 6379077.03 | 26881589.02 | 17707718.66 | 90691100.29 |
| | | 单平方米 | 3166.29 | 508.48 | 2142.73 | 1411.48 | 7228.91 |
| 4 | 钢结构箱式模块化技术 | 12545.50 | 56154996.20 | 6379077.03 | 26881589.02 | 17707718.66 | 107123380.91 |
| | | 单平方米 | 4476.11 | 508.48 | 2142.73 | 1411.48 | 8538.79 |

## 二、建安成本增量分析

（1）不同建造模式单位面积造价汇总见表 4-20、表 4-21。

多层教学楼项目不同建造模式单位面积造价　表 4-20

| 序号 | 建造模式 | 单位面积造价（元 /$m^2$） | 单位面积造价差额（元 /$m^2$） | 备注 |
|---|---|---|---|---|
| 1 | 现浇混凝土技术 | 5971 | — | 不含基础和室外部分（下同） |
| 2 | 装配式混凝土技术 | 6577 | +606 | 与现浇混凝土技术相比 |
| 3 | 装配式钢结构技术 | 8421 | +2450 | 与现浇混凝土技术相比 |
| 4 | 钢结构箱式模块化技术 | 10643 | +4672 | 与现浇混凝土技术相比 |

注：计价文件详见附录 B，表格内数据包含了二类费用。

多层酒店项目不同建造模式单位面积造价 表 4-21

| 序号 | 建造模式 | 单位面积造价（元 /m²） | 单位面积造价差额（元 /m²） | 备注 |
|---|---|---|---|---|
| 1 | 现浇混凝土技术 | 7081 | — | 不含基础和室外部分（下同） |
| 2 | 装配式混凝土技术 | 7536 | +455 | 与现浇混凝土技术相比 |
| 3 | 装配式钢结构技术 | 9398 | +2317 | 与现浇混凝土技术相比 |
| 4 | 钢结构箱式模块化技术 | 11101 | +4020 | 与现浇混凝土技术相比 |

注：计价文件详见附录 C，表格内数据包含了二类费用。

（2）成本增量分析。

1）现浇混凝土技术

两个项目的工程量在天宫 DFC（BIM）模型一键导出工程量清单的基础上，通过添加相关专业系统调试的工程量、水电费工程量、脚手架工程量（该部分无法采用 BIM 录入信息）等确定；在建安成本方面，主要人工、材料、机械台班单价采用深圳市 2022 年 4 月发布的市场信息价并结合既有项目的价格数据计入。项目的建安成本为地上工程费用，不含地下（基础）和室外工程的相关费用（其他建造模式类同）。

经计算，多层教学楼项目和多层酒店项目的现浇混凝土建造模式单位面积造价分别为 5971 元 /m² 和 7081 元 /m²，两个项目单位面积造价的差别主要是因为酒店的精装修费用高于教学楼的普通装修费用。

2）装配式混凝土技术

多层教学楼项目和多层酒店项目的装配式混凝土建造模式单位面积造价（建安成本）分别为 6577 元 /m² 和 7536 元 /m²，相比现浇混凝土建造模式分别增加了 606 元 /m² 和 455 元 /m²。根据造价数据对比可知，单位面积造价增长了 10% 和 6.4%，其差额部分主要体现在装配式混凝土体系中预制梁、预制柱、预制楼梯、预制叠合楼板、预制外墙挂板等预制构件工程量、单价及其安装费用。

3）装配式钢结构技术

多层教学楼项目和多层酒店项目的装配式钢结构建造模式单位面积造价（建安成本）分别为 8421 元 /$m^2$ 和 9398 元 /$m^2$，相比现浇混凝土建造模式分别增加了 2450 元 /$m^2$ 和 2317 元 /$m^2$。为在同等条件下进行比较，模拟分析过程中，将两个项目的内装修、机电配套及外墙装饰设定为统一标准和相同配置，即内装修、机电配套和外墙装饰的造价相同，所以这两种建造模式的造价差额仅指建筑、结构部分的差价。

根据上述数据可知，装配式钢结构体系与现浇混凝土体系相比其单位面积造价增长了 41% 和 33%，远大于装配式混凝土体系与现浇混凝土体系相比的 10% 和 6.4%，其原因一方面是使用不同结构建造体系而产生的造价差距，另一方面与不同建造体系中主要材料价格及其涨幅也有一定关系。

装配式钢结构体系中的主要结构材料为型钢，而现浇混凝土体系中的主要结构材料为钢筋混凝土，为简化计算，将两种建造体系主体结构的梁和柱作为分析对象，并对型钢和预拌混凝土在同一时期的市场价做对比分析，结果如下：

①根据多层酒店项目的计价数据可知，装配式钢结构体系中主体结构（钢柱、钢梁）综合型钢含量为 1573.6t，其工程费用为 1740 万元，单位面积工程费用为 1387 元 /$m^2$；现浇混凝土体系中主体结构（混凝土柱、混凝土梁）钢筋含量为 469t、混凝土含量为 3089$m^3$，其单位面积工程费用为 497 元 /$m^2$；两者在主体结构（柱、梁）方面的建安成本差距近三倍。

②型钢和预拌混凝土在同一时期的市场价对比：根据钢结构的型钢（综合）市场信息价对比可知，深圳市 2022 年 4 月发布的信息价为 5960 元 /t，2020 年 4 月发布的信息价为 4411 元 /t，价格增长率为 35.12%；根据泵送预拌混凝土（以 C30 为例）市场信息价对比可知，深圳市 2022 年 4 月发布的信息价为 650.67 元 /$m^3$，2020 年 4 月发布的信息价为 645.1 元 /$m^3$，价格增长率为 0.86%。

通过上述对比分析可以发现，装配式钢结构体系中主要采用的结构型钢材料价格增幅较大，达到了 35.12%，而现浇混凝土体系中主要采用的结构材料预拌混凝土的价格增幅不到 1%，故装配式钢结构较现浇混凝土结构的造价有较大幅度提高。

4）钢结构箱式模块化技术

多层教学楼项目和多层酒店项目的钢结构箱式模块化建造模式单位面积造价（建安成本）分别为 10643 元 /$m^2$ 和 11101 元 /$m^2$。

钢结构箱式模块化体系与现浇混凝土体系相比其单位面积造价分别增加了 4672 元 /$m^2$ 和 4020 元 /$m^2$，两者造价差额为 57% ~ 78%，两种建造模式的造价差额除上述型钢价格因素以外，主要还有箱式模块结构深加工、运输、吊装成本等因素。

同样依据多层酒店项目的计价数据得知（详见附录 C），钢结构箱式模块化体系中模块化箱体工程费用为 4440.6 万元、混凝土结构工程费用为 151.9 万元，共计 4592.5 万元，折合单位面积工程费用为 3660 元 /$m^2$；装配式钢结构体系中钢结构工程费用为 2641.7 万元、混凝土结构工程费用为 307.7 万元，共计 2949.4 万元，折合单位面积工程费用为 2351 元 /$m^2$；现浇混凝土体系中混凝土结构工程费用为 1429.9 万元，折合单位面积工程费用为 1139 元 /$m^2$。通过模拟计价数据分析可知，不同建造体系下结构部分的建造成本差距较为明显。

## 三、总结

不同建造模式下的建造成本排序为：钢结构箱式模块化建筑 > 装配式钢结构建筑 > 装配式混凝土建筑 > 现浇混凝土建筑。

以多层酒店项目为例，将造价差额最大的钢结构箱式模块化建筑和现浇混凝土建筑进行综合分析可知，两种建造模式下的建安成本相差 4020 元 /$m^2$。根据前述的进度分析可知，采用钢结构箱式模块化建造模式工期可节约 8 个月，相应可节约间接成本如下：

（1）综合考虑酒店的运行成本和入住率，运营收入按 4 元 /（$m^2$ · 天）计算，可提前实现销售收入 960 元 /$m^2$。

（2）资金成本：银行贷款利息按年息 10% 计算，可节约利息 333 元 /$m^2$。

（3）钢结构回收残值：400 元 /$m^2$。

（4）节约间接成本共计：1693 元 /$m^2$。

若综合考虑产品精度提高所减少的维修费用、产品寿命延长所降低的成本、人工稀缺及费用增长等因素，在不久的将来，钢结构箱式模块化建筑在成本方面的劣势将逐渐转变成优势。

# 第五章

# 结语

早在1962年9月9日，梁思成先生在《人民日报》上发表了题为《从拖泥带水到干净利索》的文章，提出了建筑工业化就是实现“设计标准化、构件预制工厂化、施工机械化”，使建筑工地从“拖泥带水”变得“干净利索”；同时，建筑师还要在“千篇一律”中取得“千变万化”，实现标准化输入多样化输出，从而圆满地解决建筑物的艺术效果问题。

梁思成先生的文章发表了六十年，在感叹大师的思想极具前瞻性的同时，也很遗憾地发现，我国的建筑工业化仍然长路漫漫。

目前的装配式建筑表面上看已经达到相当高的装配率，但设计流程还是按照传统的手工业线性流程进行，即先由建筑师做方案，然后做结构专业设计和拆板图，再做设备专业设计，装修设计专业可有可无，反正有什么问题现场解决就是了。在一些装配式装修的项目中，尽管装配率很高，但是由于设计流程是先设计空间，再把空间拆分成部品，因此部品的标准化和规模化程度很低。有的项目一套结构件模板的重复利用率只有三次，模具成本摊销极高；又由于标准化程度低，构件的运输、现场堆放和安装效率也很低。因此构件的总成本很高。装修部品在现场装配时仍有大量的手工裁切和拼装。尽管工地上“拖泥带水”少了，但是却远远没有达到“干净利索”的程度。

究其原因，是因为建筑行业的工业化水平仍处于较低的水平，行业从业人员普遍缺乏工业化思维，因此建筑工业化的发展之路要先从教育和培训开始。要使全行业真正理解建筑工业化的目的是“提高品质、提高效率、节材省工、节能减碳”，终极目标是建造高品质建筑，至于“预制、装配”仅仅是手段，不是目的。

明确目标之后，要以系统性思维构建建筑工业化体系。

1. 构建模块化系统

按照模块化的基本原则，构建建筑、结构、设备、装修等专业四大系统，作为一级模块系统，亦称功能模块系统。在一级模块系统之下再建立二级模块系统，例如装修模块亦可细分为墙、顶、地、门窗、厨房、卫生间、管线、固定家具等部品系统模块。

在二级模块系统之下继续细分为三级部品模块系统，例如洗浴、如厕、洗手、底柜、吊柜等。

2. 制定设计规则

设计规则由设计架构、界面、集成规则和测试标准组成。

建立设计规则的基础，就是改革现行设计尺寸的标注方式，借鉴机械制造的尺寸标注方法（见图 5-1）。

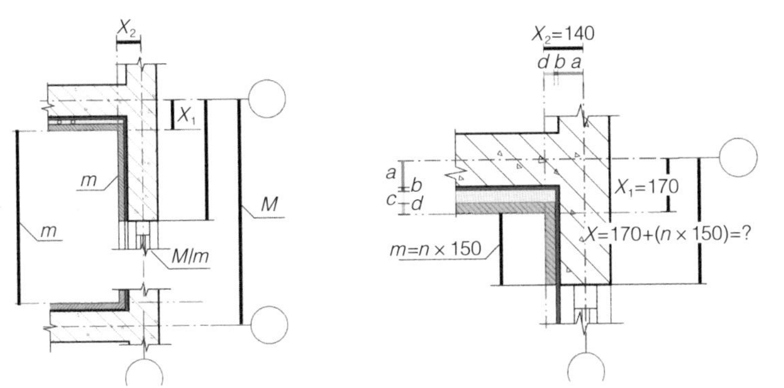


a—墙体厚度（100）；b—施工误差（10）；c—管线（30）；d—安装截面技术尺寸（30）；
X—装配对位尺寸；$X_1$、$X_2$—内装基准线；M—建筑模数；m—空间 / 部品模数；n—整数值的变量

图 5-1　机械制造的尺寸标注方法

目前，建筑制图最大的问题就是仅标注轴线尺寸，且尺寸是闭合的，没有考虑施工误差和制造公差。但装配成功的基本原则就是部品之间的界面要预留施工误差和制造公差，且必须约定部品公差的正负，即哪个部品的尺寸只能做大，哪个部品的尺寸只能做小。没有正负公差的概念，部品之间是不可能装配成功的。

3. 建立建筑工业化部品族库

有了部品族库，才能真正实现以产品选型的方式进行设计，而不是“拆图”式的设计。由此，建筑行业才能进入“产品化”的时代。

4. 全面推广并行工程

全产业链协同的并行工程模式是现代制造业领域广泛采用的集成制造技术体系，建筑工业化是传统建筑业与现代制造业的融合，而融合的切入点就是 EPC 模式。EPC 模式成功的关键是设计为龙头的 EPC，以设计为龙头并非是以设计院为龙头，而是以设计师为龙头。

以日本为例，在建筑工业化比较发达的大型集合建筑领域，不存在类似中国现行的，先由设计机构进行方案和施工图设计，然后进行施工招标的流程。而是采用以承建商为主体的一体化集成建造方式，也称为房屋制造。由于产品化程度高，其制造和安装的标准化程度也非常高，设计师在制造和安装阶段所占的比重较小。设计师仅仅是承建商的一个部门，其主要任务是产品研发，但产品研发的内涵实际是设计规则的制定，也就是产业标准的制定。因此，设计是集成建造的灵魂。

目前我国建筑工业化水准尚未达到产品化程度，但以设计为龙头的 EPC 至少要体现“设计是引领、制造是核心、材料是基础”的基本原则。设计工作不仅要在项目前期发挥引领作用，还必须贯穿建筑的全生命周期，把建造中后期的制造、安装、材料、成本、运营等各种因素作为前期设计的基础，以 DFX 等并行工程的关键技术进行设计，才能真正实现“提高品质、提高效率、节材省工、节能减碳”的目标。

5. 成本

成本与品质成正比例关系。建议在适度提高建安成本的同时，大幅度提高建筑的寿命。这样，从建筑全生命周期的角度看，成本不升反降。从低碳的角度看，增加建筑的初始投资，提高建筑的寿命，是节能减碳最好的方式。

6. 数字化转型

（1）在模块化设计方法、并行工程模式的基础上，实体建造和虚拟建造相结合，构建建筑工业化数字化技术体系。

（2）以工业化部品族库为基础，形成数字设计数据库，与区块链相结合，解决信用和支付危机，构建建筑行业良性发展的生态圈。

（3）基于智能生产和智慧施工的数字化设计关键技术研究，采用大数据、云计算和人工智能等新技术，通过数字化设计的关键技术和方法，打通装配式建筑管理、技术和数据接口，实现“三全”（全生命周期、全专业、全过程）的建筑数字化的应用，推动建筑产业化协同和智能化建造的发展。

# 附录

# 附录 A　案例项目不同建造模式研究比较表

以多层酒店项目为例

| 对比项目 | | 层数 7 层，标准层层高 3300mm，单体建筑面积约 12545.50m² | | | |
|---|---|---|---|---|---|
| | | 钢结构箱式模块化技术（案例） | 装配式钢结构技术 | 装配式混凝土技术 | 现浇混凝土技术 |
| 建造模式比较 | 技术体系 | 采用钢结构箱式模块化叠箱 + 钢框架结构体系，客房部分采用模块化箱体，交通核采用箱形钢柱、H 型钢梁、钢桁架楼承板、钢楼梯 | 采用钢框架结构 + 轻质板材围护结构 + 装配式装修钢框架结构体系。预制构件主要由箱形钢柱、H 型钢梁、钢桁架楼承板，ALC 外墙条板组成 | 采用预制混凝土框架结构体系，预制构件种类包含预制外墙挂板、预制叠合楼板，预制楼梯。柱梁采用装配式，模板采用铝合金模板现浇方式 | 采用现浇混凝土框架结构，采用木模板现浇工法，外围护墙采用砌筑方式，现浇混凝土框架结构施工技术主要以钢筋混凝土制成承重梁柱 |
| | 执行规范 | 《钢结构模块建筑技术规程》T/CECS 507—2018;<br>《箱式钢结构集成模块建筑技术规程》T/CECS 641—2019;<br>《轻型模块化钢结构组合房屋技术标准》JGJ/T 466—2019;<br>《钢结构设计标准》GB 50017—2017;<br>《建筑抗震设计规范》GB 50011—2010 (2016 年版);<br>《装配式钢结构建筑技术标准》GB/T 51232—2016 | 《钢结构设计标准》GB 50017—2017;<br>《建筑抗震设计规范》GB 50011—2010 (2016 年版);<br>《装配式钢结构建筑技术标准》GB/T 51232—2016;<br>《装配式钢结构建筑技术规程》DBJ/T 15-177—2020 | 《装配式混凝土结构技术规程》JGJ 1—2014;<br>《装配式混凝土建筑技术标准》GB/T 51231—2016;<br>《装配式混凝土建筑结构技术规程》DBJ 15-107—2016;<br>《装配式混凝土建筑深化设计技术规程》DBJ/T 15-155—2019;<br>《钢筋锚固板应用技术规程》JGJ 256—2011;<br>《装配式混凝土结构连接节点构造》15G310 | 《混凝土结构耐久性设计标准》GB/T 50476—2019;<br>《混凝土结构设计规范》GB 50010—2010（2015 年版）;<br>《超长大体积混凝土结构跳仓法技术规程》DB11/T 1200—2015;<br>《钢筋焊接及验收规程》JGJ 18—2012 |

续表

| 对比项目 | | 层数 7 层，标准层层高 3300mm，单体建筑面积约 12545.50m² | | | |
|---|---|---|---|---|---|
| | | 钢结构箱式模块化技术（案例） | 装配式钢结构技术 | 装配式混凝土技术 | 现浇混凝土技术 |
| 建造模式比较 | 适用高度 | 最大适用高度为 24m，最高可建 7 层 | 最大适用高度为 110m，最高可建 33 层 | 最大适用高度为 50m，最高可建 15 层 | 最大适用高度为 50m，最高可建 15 层 |
| | 关键技术节点 | 典型的模块间连接节点采用螺栓连接，在装配过程中不需要在构件上创建开口来削弱结构构件，相比于焊接，安装时所需要的工作空间小 | 柱梁节点连接采用悬臂梁段、翼缘焊接腹板栓接及全焊接形式；钢柱拼接采用焊接或螺栓连接的形式 | 外围护采用预制外墙挂板方式，外墙挂板顶端设置抗剪槽和粗糙面并采用封闭箍筋与结构梁连接，底端采用脚码限制外墙挂板在平面外的位移 | — |
| | 应用场景 | 酒店、中小学校、方舱应急医院、数据中心等标准化程度较高的项目中应用，层数一般不超过 8 层的建筑；以及数据箱、垃圾站（城市，农村）、公用厕所、储能箱（站）、移动售卖亭（站）、移动多功能方舱服务站、移动消防站、可拆装展厅（售楼部）、城市更新加建（服务中心）等规模较小的建筑附属设施 | 办公楼（高层）、商业、住宅（高/多层）、别墅、教育设施、医疗设施、厂房 | 高层居住建筑（现浇剪力墙 + 预制外墙挂板 + 预制叠合楼板 + 预制楼梯）中应用较多，在办公建筑（现浇柱梁 + 预制外墙挂板）以及多层教育建筑中也有一定的应用 | 受政策影响，应用场景已经越来越少 |

续表

<table>
<tr><td colspan="2" rowspan="2">对比项目</td><td colspan="4">层数 7 层，标准层层高 3300mm，单体建筑面积约 12545.50m²</td></tr>
<tr><td>钢结构箱式模块化技术（案例）</td><td>装配式钢结构技术</td><td>装配式混凝土技术</td><td>现浇混凝土技术</td></tr>
<tr><td>管理模式比较</td><td>—</td><td>“IPMT(一体化项目管理团队)+ 监理 + EPC(设计采购施工一体化)”模式“IPMT+ 监理 +EPC”模式的核心是项目管理的三层组织架构：第一层是决策层，由涉及项目投资、业主、建设管理、运营管理的 26 个市直单位成立专项工作专班，对酒店项目财务、设计、采购、施工、质量、安全、疫情防控等进行全过程一体化管理；第二层是管理层，由市建筑工务署成立酒店项目指挥部，下设六个工作组，对项目统筹、工程项目、前期设计、招采商务、材料设备、工作督导等进行分工，主要承担与 EPC 单位、工程监理单位之间的协调，实施 HSE、质量、进度、费用和合同执行的有效控制，并承担除 EPC、工程监理以外的其他项目管理工作；第三层是执行层，由 EPC 总承包商、监理承包商和项目前期咨询商组成，执行具体的工程管理与建设任务，项目组、监理、EPC 总承包单位三线并行、三级联动、矩阵式管理，全面、系统、有序地推进项目建设</td><td colspan="2">“设计－采购－施工”的 EPC 模式投资方仅选择一个总承包商或总承包商联合体，由总承包商（或联合体）负责整个工程项目的设计、设备和材料的采购、施工及试运行，提供完整的可交付使用的工程项目的建设模式</td><td>设计施工分离的承发包模式设计－招标－施工的传统模式，这种模式是国际工程中应用最为广泛发展最为成熟的项目管理模式。这种模式是先对工程项目进行评估，立项之后再进行设计并准备招标文件，随后通过招标选择最优的承包商对该项目进行施工</td></tr>
</table>

续表

| 对比项目 | | 层数 7 层，标准层层高 3300mm，单体建筑面积约 $12545.50m^2$ | | | |
|---|---|---|---|---|---|
| | | 钢结构箱式模块化技术（案例） | 装配式钢结构技术 | 装配式混凝土技术 | 现浇混凝土技术 |
| 设计环节比较 | 结构系统设计 | 多层酒店的预制钢构件种类有：箱形钢柱、H型钢梁、钢筋桁架楼承板、钢楼梯、客房及走廊采用的集成模块箱体，共5种。多层酒店首层至屋架层核心筒部分截面形式均为H型钢，截面类型共6种；钢柱截面形式均为箱形截面，截面类型共2种；钢筋桁架楼承板类型有2种（TD4-90、TD4-100）。标准客房部分所使用集成模块叠箱共计259个，箱体梁柱构件均采用箱形截面，叠箱支撑采用钢板带 | 预制钢构件种类有：箱形钢柱、H型钢梁、钢筋桁架楼承板，共3种。多层酒店设计时采用的钢梁截面形式均为H型钢，截面类型共9种；钢柱截面形式均为箱形截面，截面类型共3种；钢筋桁架楼承板有2种（TD3-90、TD4-90） | 现浇部分的柱截面采用 600mm×600mm，梁截面采用 300mm×600mm，预制部分的楼梯构件有2种、楼板构件有6种 | 现浇部分的柱截面采用 600mm×600mm，梁截面采用 300mm×600mm |
| | 外围护系统设计 | 外墙板的设计遵循单元化、模块化设计思路，尽量减少构件种类，通过色彩、肌理等变化，在构件规格相同的前提下呈现出丰富的立面效果 | 外围护系统采用 600mmx4400mm ALC 条板，外装饰采用干挂铝板幕墙 | 外围护采用外墙挂板构件，共7种（$1.5m^3$，3.63t） | 采用砌块＋干挂铝板幕墙 |
| | 内装系统设计 | 轻质隔墙统一采用轻钢龙骨内隔墙（玻镁板、水泥纤维板、石膏板），工业化制作安装，全程干作业。设计时采用了大量的标准模块，如框架柱采用方钢管柱，自上而下采用相同的外尺寸，隔墙位置的钢梁尽量采用相同的梁高，为轻质隔墙的尺寸、大小、位置、做法标准化提供了先天的有利条件。其中多层酒店项目客房中采用整体卫浴 | 内墙采用统一规格的 600mmx3000mm ALC 隔墙，采用装配式装修和整体卫浴体系 | 除首层无障碍卫生间采用传统工艺外，全部客房卫生间采用整体卫浴，客房区域地面采用架空地面，墙体采用龙骨系统，可以实现内隔墙与管线装饰一体化 | 采用装配式装修、整体卫浴体系 |

续表

| 对比项目 | | 层数 7 层，标准层层高 3300mm，单体建筑面积约 12545.50m$^2$ | | | |
|---|---|---|---|---|---|
| | | 钢结构箱式模块化技术（案例） | 装配式钢结构技术 | 装配式混凝土技术 | 现浇混凝土技术 |
| 设计环节比较 | 设备系统设计 | 机电系统主要由给水排水、暖通空调、电气等系统构成。机电管线全部考虑在竖向管井内明装或在轻钢龙骨内隔墙和吊顶中敷设，未在现浇楼板中进行预留预埋，实现了机电管线与主体结构的完全分离。为保证舒适的净高，利用 BIM 技术提前进行机电综合模拟，在钢梁上预留好穿机电管线的孔洞，并尽可能与模块化体系配合做到预留洞口的标准化 | 同钢结构箱式模块化技术设备系统设计 | 同钢结构箱式模块化技术设备系统设计 | 同钢结构箱式模块化技术设备系统设计 |
| | 模块数量统计 | 单体建筑采用 259 个钢结构模块化箱体 | 单体结构部件以钢柱、钢梁及钢筋桁架楼承板为主，预制钢柱 370 个，预制钢梁 5268 个 | 单体采用预制混凝土外墙挂板 292 块，预制叠合楼板 609 块，预制楼梯 28 个，单体的预制混凝土总用量约 980m$^3$ | — |
| 生产环节比较 | 产能要求 | 理论上需要 11 个 20 万 m$^2$ 的钢结构模块化工厂。项目实际上选用了 9 个钢结构模块化工厂和 5 个装修工厂，实现箱体设计产能高峰 120 个模块 / 天，实际发货高峰 85 个模块 / 天 | 单体钢结构总用量 1761t，考虑到批量化建设（6 栋），研究对象钢结构总用量约 10566t，整体由周边市场供应 | 考虑到批量化建设（6 栋），研究对象预制混凝土总用量约 5880m$^3$，因此预制构件厂需保证年最大产能 ≥ 6 万 m$^3$，项目构件供应单位占拟选定构件厂年产量的比率 ≤ 10%，且对本项目优先供应，以满足建设进度需求 | 现浇混凝土建筑现场的主要周转性材料为给水排水、电气管材和钢筋，管材和钢筋的加工制作均在现场进行，无需外加工生产。外加工材料主要为商品混凝土（外加工材料），其他机电安装设备和材料均可采购成品，无需定向外加工生产 |

续表

| 对比项目 | | 层数 7 层，标准层层高 3300mm，单体建筑面积约 12545.50m$^2$ | | | |
|---|---|---|---|---|---|
| | | 钢结构箱式模块化技术（案例） | 装配式钢结构技术 | 装配式混凝土技术 | 现浇混凝土技术 |
| 生产环节比较 | 运输要求 | 运距不宜超过 150km。以多层酒店为例选取的工厂中，最短直线距离 50km，最长直线距离 150km。单个结构箱体质量约为 8t，装修完成后的成品箱体（含幕墙）质量约为 20t | 采用装配式钢结构构件运输无特殊要求，车上应设有可靠的稳定构件措施，用钢丝带加紧固器绑牢，以防运输时构件受损。单车运输质量不应大于 30t | 构件供应基地与项目之间的运输距离不宜超过 150 km，运输效率需大于 60%，单车运输质量不大于 30 t | — |
| | 吊装顺序 | 平面吊装施工流向为南北向的箱体由中间向两边进行安装，南北向箱体安装完成一层结构后才能开始安装东西向的箱体 | 标准层施工期间，分成两个时段吊装构件，第一时段吊装钢柱、钢梁，第二时段吊装梁、楼板 | 标准层施工期间，分成两个时段吊装构件，第一时段吊装预制外墙挂板，第二时段吊装预制叠合楼板，构件都按顺时针方向安排吊装顺序 | — |
| 施工环节比较 | 施工工艺 | 钢结构箱式模块化标准层施工工艺需要经过钢框架结构施工、MM 板安装、模块吊装、高强度螺栓固定、各模块管线与主体管线衔接等主要步骤 | 施工放线、基础混凝土内预埋螺栓、吊装主体钢结构、安装固定、吊装支撑次结构、楼梯与电梯安装、围护墙体与窗体安装、楼板安装、内隔墙体安装 | 基础面找平、测量放线、预制外墙挂板吊装（临时脚码安装、斜撑支撑）、安装墙柱钢筋（墙柱水电施工）、预埋线管线盒、设置定位筋、安装墙柱铝模、对拉螺杆紧固、安装调整斜撑、防漏浆措施、检验校正、安装梁铝模、安装叠合楼板支撑、叠合楼板吊装、安装梁板钢筋（梁板水电安装）、收尾加固检查、混凝土浇筑、临时脚码拆除等 | 基础面找平、测量放线、安装墙柱钢筋（墙柱水电施工）、预埋线管线盒、安装墙柱模板、对拉螺杆紧固、防漏浆措施、检验校正、安装梁板模板、安装梁与楼板支撑、安装梁板钢筋（梁板水电安装）、收尾加固检查、混凝土浇筑、模板拆除等 |

续表

| 对比项目 | | 层数 7 层，标准层层高 3300mm，单体建筑面积约 12545.50m$^2$ | | | |
|---|---|---|---|---|---|
| | | 钢结构箱式模块化技术（案例） | 装配式钢结构技术 | 装配式混凝土技术 | 现浇混凝土技术 |
| 施工环节比较 | 堆场要求 | 由于现场场地狭小，为保证制作厂箱体的持续供应，计划于项目现场外部设置两个场外堆场用于箱体的临时堆放 | 结构用料堆放区设在单体周边，在进行卸料加工的同时减少二次搬运；同时重点考虑钢构件存放场地需在建筑物周边，材料堆放区设置在汽车式起重机覆盖范围内，根据钢构件吊重及回转半径选择汽车式起重机型号，确保满足正常吊装要求 | 采用装配式混凝土技术的项目需在场地内集中或分散设置 1~2 个临时堆场，满足一个标准层的构件堆放。构件堆放场地要平整、坚实，有排水措施。施工现场要根据不同预制构件的受力情况制定不同的堆放方式，预制叠合楼板、预制楼梯采用叠放方式，层间应垫平、垫实，垫块安放在构件吊点部位 | — |
| | 吊装设备参数 | 钢结构箱式模块化建筑由于模块自重超过 8t，因此采用 150t 履带式起重机、200t 履带式起重机、260t 履带式起重机、220t 汽车式起重机、300t 汽车式起重机进行吊装 | 预制构件包括钢柱、钢梁、楼承板，构件最大质量不超过 4.6t，初步选择平臂式 C7052 型号的塔式起重机进行地上装配式建筑施工，塔式起重机 70m 半径处吊重 5.2t，满足施工吊装要求 | 预制构件最大质量为 7.7t，需要配套 2 台塔式起重机（型号 8040）及 2 台汽车式起重机配合吊装。保证 2 台塔式起重机的工作效率，既不闲置又能满足施工吊次要求，同时也要充分考虑塔式起重机安装和拆除所需空间，满足塔式起重机安拆的要求 | — |

续表

| 对比项目 | | 层数 7 层，标准层层高 3300mm，单体建筑面积约 12545.50$m^2$ | | | |
|---|---|---|---|---|---|
| | | 钢结构箱式模块化技术（案例） | 装配式钢结构技术 | 装配式混凝土技术 | 现浇混凝土技术 |
| 碳排放分析比较 | — | 在本次研究中，单位建筑面积碳排放量为 382.95$kgCO_2/m^2$ | 在本次研究中，单位建筑面积碳排放量为 215.27$kgCO_2/m^2$ | 在本次研究中，单位建筑面积碳排放量为 282.71$kgCO_2/m^2$ | 在本次研究中，单位建筑面积碳排放量为 330.91$kgCO_2/m^2$ |
| 建造周期与验收节点比较 | — | （1）设计周期<br>方案设计 3 天，模块化建筑深化设计（结构 / 机电 / 内装）13 天，施工图设计 7 天，合计 23 天<br>（2）生产周期<br>模块化建筑深化设计结束建筑模块开始生产至首套箱体进堆场进行装修，合计 12 天；首批模块装修完成历时 18 天，之后 20 天内箱体生产、装修与现场施工安装呈并行工程特点<br>（3）施工周期<br>从基础完工，首批模块进行吊装至模块化施工完成历时 30 天；公共区域装修与设备安装 30 天，验收 15 天，合计 75 天<br>整个项目从开工到竣工仅用时 133 天 | （1）设计周期<br>方案设计 10 天，施工图设计 30 天，合计 40 天<br>（2）生产周期<br>钢结构厂家深化图纸约 30 天，第一批构件完成加工生产配送到场约 60 天，合计 90 天，之后生产与现场施工安装呈并行工程特点<br>（3）施工周期<br>基础完成后，钢结构主体施工约 90 天，装修与设备安装约 60 天，验收约 15 天<br>采用装配式钢结构技术总建造周期约 295 天 | （1）设计周期<br>方案设计约 10 天，施工图设计 30 天，深化设计 15 天，合计 55 天<br>（2）生产周期<br>预制外墙挂板、预制叠合楼板、预制楼梯由预制构件厂生产，其中模具制作在深化设计完成后需 20 天，模具制作完成到第一批预制构件生产需 30 天，合计 50 天，之后生产与现场施工安装呈并行工程特点<br>（3）施工周期<br>基础完工后，主体施工 7 ~ 10 天一层，7 层合计 50 ~ 70 天。装配式装修与设备施工 50 ~ 70 天，验收约 15 天<br>采用装配式混凝土技术总建造周期约 260 天 | （1）设计周期<br>方案 + 施工图设计约 55 天<br>（2）施工 + 竣工验收周期<br>结构、建筑、机电安装及装修施工验收约 345 天<br>整个项目从开工到交付使用合计用时约 400 天 |
| 建造成本比较 | — | 钢结构箱式模块化造价 10000 ~ 11000 元 /$m^2$，常规约 8539 元 /$m^2$ | 装配式钢结构造价约 7229 元 /$m^2$（多层钢结构） | 装配式混凝土结构造价约 5797 元 /$m^2$（多层 PC 结构） | 现浇混凝土结构造价约 5447 元 /$m^2$ |

# 附录 B 多层教学楼项目四种建造模式计价汇总表

## （1）现浇混凝土体系计价汇总表

建设项目招标控制价汇总表

工程名称：2 号教学楼（现浇） 第 1 页 共 1 页

| 序号 | 单项工程名称 | 金额（元） | 其中 | | |
|---|---|---|---|---|---|
| | | | 暂估价（元） | 安全文明施工费（元） | 规费（元） |
| 1 | 2 号教学楼（现浇） | 26414799.08 | 56310.93 | 508773.07 | 1130808.57 |
| | 工程建设其他费 | | | | |
| | 设备及工器具购置费 | | | | |
| 合计 | | 26414799.08 | 56310.93 | 508773.07 | 1130808.57 |

注：本表适用于建设项目招标控制价或投标报价的汇总。

单项工程招标控制价汇总表

工程名称：2号教学楼（现浇） 第1页 共1页

| 序号 | 单位工程名称 | 金额（元） | 其中 | | |
|---|---|---|---|---|---|
| | | | 材料设备暂估价（元） | 安全文明施工措施费（元） | 规费（元） |
| 1 | 2号教学楼（现浇）－建筑结构 | 9938794.39 | | 282080.98 | 400276.95 |
| 2 | 2号教学楼（现浇）－外墙装饰工程（玻璃、石材、外门窗） | 2753604.35 | | 42286.33 | 118790.50 |
| 3 | 2号教学楼（现浇）－装饰工程 | 7370327.70 | | 96575.86 | 312412.98 |
| 4 | 2号教学楼（现浇）－强电工程 | 2315027.80 | | 7202.50 | 109090.85 |
| 5 | 2号教学楼（现浇）－给水排水工程 | 251477.36 | | 2144.70 | 11850.35 |
| 6 | 2号教学楼（现浇）－消防报警工程 | 58867.32 | | 624.77 | 2773.99 |
| 7 | 2号教学楼（现浇）－消防水工程 | 512942.60 | | 4288.91 | 24171.34 |
| 8 | 2号教学楼（现浇）－暖通、防排烟工程 | 2885398.82 | | 33084.28 | 135968.39 |
| 9 | 2号教学楼（现浇）－智能化－预埋工程 | 328358.74 | 56310.93 | 40484.74 | 15473.22 |
| | 暂列金额 | | | | |
| | 专业工程暂估价 | | | | |
| | 合计 | 26414799.08 | 56310.93 | 508773.07 | 1130808.57 |

注：本表适用于单项工程招标控制价或投标报价的汇总。

## （2）装配式混凝土体系计价汇总表

### 建设项目招标控制价汇总表

工程名称：2 号教学楼（PC）　　　　第 1 页　共 1 页

| 序号 | 单项工程名称 | 金额（元） | 其中 | | |
|---|---|---|---|---|---|
| | | | 暂估价（元） | 安全文明施工费（元） | 规费（元） |
| 1 | 2 号教学楼（PC） | 29091149.22 | 56310.93 | 584930.28 | 1165012.04 |
| | 工程建设其他费 | | | | |
| | 设备及工器具购置费 | | | | |
| | 合计 | 29091149.22 | 56310.93 | 584930.28 | 1165012.04 |

注：本表适用于建设项目招标控制价或投标报价的汇总。

## 单项工程招标控制价汇总表

工程名称：2 号教学楼（PC）　　　　第 1 页　共 1 页

| 序号 | 单位工程名称 | 金额（元） | 其中 | | |
|---|---|---|---|---|---|
| | | | 材料设备暂估价（元） | 安全文明施工措施费（元） | 规费（元） |
| 1 | 2 号教学楼（PC）－现浇部分 | 4774562.36 | | 136072.48 | 215694.23 |
| 2 | 2 号教学楼（PC）–PC 部分 | 7840582.17 | | 222165.71 | 218786.19 |
| 3 | 2 号教学楼（PC）－外墙装饰工程（玻璃、石材、外门窗） | 2753604.35 | | 42286.33 | 118790.50 |
| 4 | 2 号教学楼（PC）－装饰工程 | 7370327.70 | | 96575.86 | 312412.98 |
| 5 | 2 号教学楼（PC）－强电工程 | 2315027.80 | | 7202.50 | 109090.85 |
| 6 | 2 号教学楼（PC）－给水排水工程 | 251477.36 | | 2144.70 | 11850.35 |
| 7 | 2 号教学楼（PC）－消防报警工程 | 58867.32 | | 624.77 | 2773.99 |
| 8 | 2 号教学楼（PC）－消防水工程 | 512942.60 | | 4288.91 | 24171.34 |
| 9 | 2 号教学楼（PC）－暖通、防排烟工程 | 2885398.82 | | 33084.28 | 135968.39 |
| 10 | 2 号教学楼（PC）－智能化－预埋工程 | 328358.74 | 56310.93 | 40484.74 | 15473.22 |
| | 暂列金额 | | | | |
| | 专业工程暂估价 | | | | |
| | | | | | |
| | | | | | |
| | | | | | |
| | | | | | |
| | | | | | |
| | | | | | |
| 合计 | | 29091149.22 | 56310.93 | 584930.28 | 1165012.04 |

注：本表适用于单项工程招标控制价或投标报价的汇总。

（3）装配式钢结构体系计价汇总表

建设项目招标控制价汇总表

工程名称：2 号教学楼（钢结构） 第 1 页 共 1 页

| 序号 | 单项工程名称 | 金额（元） | 其中 | | |
|---|---|---|---|---|---|
| | | | 暂估价（元） | 安全文明施工费（元） | 规费（元） |
| 1 | 2 号教学楼（钢结构） | 37251104.27 | 56310.93 | 780859.85 | 1430153.95 |
| | 工程建设其他费 | | | | |
| | 设备及工器具购置费 | | | | |
| 合计 | | 37251104.27 | 56310.93 | 780859.85 | 1430153.95 |

注：本表适用于建设项目招标控制价或投标报价的汇总。

## 单项工程招标控制价汇总表

工程名称：2号教学楼（钢结构） 第1页 共1页

| 序号 | 单位工程名称 | 金额（元） | 其中 | | |
|---|---|---|---|---|---|
| | | | 材料设备暂估价（元） | 安全文明施工措施费（元） | 规费（元） |
| 1 | 2号教学楼（钢结构）–钢结构 | 15669302.21 | | 420807.62 | 499467.17 |
| 2 | 2号教学楼（钢结构）–砌墙 | 2458056.53 | | 52808.17 | 153383.01 |
| 3 | 2号教学楼（钢结构）–混凝土结构工程 | 2647740.84 | | 80551.97 | 46772.15 |
| 4 | 2号教学楼（钢结构）–外墙装饰工程（玻璃、石材、外门窗） | 2753604.35 | | 42286.33 | 118790.50 |
| 5 | 2号教学楼（钢结构）–装饰工程 | 7370327.70 | | 96575.86 | 312412.98 |
| 6 | 2号教学楼（钢结构）–强电工程 | 2315027.80 | | 7202.50 | 109090.85 |
| 7 | 2号教学楼（钢结构）–给水排水工程 | 251477.36 | | 2144.70 | 11850.35 |
| 8 | 2号教学楼（钢结构）–消防报警工程 | 58867.32 | | 624.77 | 2773.99 |
| 9 | 2号教学楼（钢结构）–消防水工程 | 512942.60 | | 4288.91 | 24171.34 |
| 10 | 2号教学楼（钢结构）–暖通、防排烟工程 | 2885398.82 | | 33084.28 | 135968.39 |
| 11 | 2号教学楼（钢结构）–智能化–预埋工程 | 328358.74 | 56310.93 | 40484.74 | 15473.22 |
| | 暂列金额 | | | | |
| | 专业工程暂估价 | | | | |
| | | | | | |
| | | | | | |
| | | | | | |
| | | | | | |
| | | | | | |
| | | | | | |
| | | | | | |
| 合计 | | 37251104.27 | 56310.93 | 780859.85 | 1430153.95 |

注：本表适用于单项工程招标控制价或投标报价的汇总。

（4）钢结构箱式模块化体系计价汇总表

建设项目招标控制价汇总表

工程名称：2 号教学楼（模块化） 第 1 页 共 1 页

| 序号 | 单项工程名称 | 金额（元） | 其中 | | |
|---|---|---|---|---|---|
| | | | 暂估价（元） | 安全文明施工费（元） | 规费（元） |
| 1 | 2 号教学楼（模块化） | 47083932.08 | 56310.93 | 1045174.29 | 1734853.32 |
| | 工程建设其他费 | | | | |
| | 设备及工器具购置费 | | | | |
| 合计 | | 47083932.08 | 56310.93 | 1045174.29 | 1734853.32 |

注：本表适用于建设项目招标控制价或投标报价的汇总。

## 单项工程招标控制价汇总表

工程名称：2号教学楼（模块化） 第1页 共1页

| 序号 | 单位工程名称 | 金额（元） | 其中 | | |
|---|---|---|---|---|---|
| | | | 材料设备暂估价（元） | 安全文明施工措施费（元） | 规费（元） |
| 1 | 2号教学楼（模块化）–模块化箱体工程 | 25502775.49 | | 685141.70 | 804177.94 |
| 2 | 2号教学楼（模块化）–砌墙 | 2458056.53 | | 52808.17 | 153383.01 |
| 3 | 2号教学楼（模块化）–混凝土结构工程 | 2647095.37 | | 80532.33 | 46760.75 |
| 4 | 2号教学楼（模块化）–外墙装饰工程（玻璃、石材、外门窗） | 2753604.35 | | 42286.33 | 118790.50 |
| 5 | 2号教学楼（模块化）–装饰工程 | 7370327.70 | | 96575.86 | 312412.98 |
| 6 | 2号教学楼（模块化）–强电工程 | 2315027.80 | | 7202.50 | 109090.85 |
| 7 | 2号教学楼（模块化）–给水排水工程 | 251477.36 | | 2144.70 | 11850.35 |
| 8 | 2号教学楼（模块化）–消防报警工程 | 58867.32 | | 624.77 | 2773.99 |
| 9 | 2号教学楼（模块化）–消防水工程 | 512942.60 | | 4288.91 | 24171.34 |
| 10 | 2号教学楼（模块化）–暖通、防排烟工程 | 2885398.82 | | 33084.28 | 135968.39 |
| 11 | 2号教学楼（模块化）–智能化–预埋工程 | 328358.74 | 56310.93 | 40484.74 | 15473.22 |
| | 暂列金额 | | | | |
| | 专业工程暂估价 | | | | |
| | | | | | |
| | | | | | |
| | | | | | |
| | | | | | |
| | | | | | |
| | | | | | |
| | | | | | |
| 合计 | | 47083932.08 | 56310.93 | 1045174.29 | 1734853.32 |

注：本表适用于单项工程招标控制价或投标报价的汇总。

# 附录C　多层酒店项目四种建造模式计价汇总表

## （1）现浇混凝土体系计价汇总表

工程项目招标控制价汇总表

工程名称：酒店项目（现浇）　　　　第1页　共1页

| 序号 | 单项工程名称 | 金额（元） | 其中 | | |
|---|---|---|---|---|---|
| | | | 暂估价（元） | 安全文明施工费（元） | 规费（元） |
| 1 | 酒店项目（现浇） | 68330448.65 | | 1194906.78 | 2237255.50 |
| | 工程建设其他费 | | | | |
| | 设备及工器具购置费 | | | | |
| 合计 | | 68330448.65 | | 1194906.78 | 2237255.50 |

注：本表适用于建设项目招标控制价或投标报价的汇总。

## 单项工程招标控制价汇总表

工程名称：酒店项目（现浇）　　　　第1页　共1页

| 序号 | 单位工程名称 | 金额（元） | 其中 | | |
|---|---|---|---|---|---|
| | | | 材料设备暂估价（元） | 安全文明施工措施费（元） | 规费（元） |
| 1 | 酒店项目（现浇）–混凝土结构及隔墙工程 | 14299997.49 | | 396579.77 | 653505.13 |
| 2 | 酒店项目（现浇）–土建防水工程 | 3062066.45 | | 86442.82 | 131956.96 |
| 3 | 酒店项目（现浇）–外幕墙 | 6379077.03 | | 86429.40 | 206741.73 |
| 4 | 酒店项目（现浇）–装饰工程 | 26881589.02 | | 368668.25 | 426936.99 |
| 5 | 酒店项目（现浇）–电气工程 | 2755340.10 | | 40601.00 | 87028.83 |
| 6 | 酒店项目（现浇）–强弱电桥架 | 137363.48 | | 1990.31 | 6484.95 |
| 7 | 酒店项目（现浇）–消防电工程 | 1438821.88 | | 20809.13 | 70367.12 |
| 8 | 酒店项目（现浇）–给水排水工程 | 1904659.58 | | 27687.74 | 80001.35 |
| 9 | 酒店项目（现浇）–智能化工程 | 5902151.43 | | 84945.51 | 314871.98 |
| 10 | 酒店项目（现浇）–通风设备 | 5301763.63 | | 77027.33 | 237068.05 |
| 11 | 酒店项目（现浇）–抗震支吊架工程 | 267618.56 | | 3725.52 | 22292.41 |
| | 暂列金额 | | | | |
| | 专业工程暂估价 | | | | |
| | 专业工程结算价 | | | | |
| | | | | | |
| | | | | | |
| | | | | | |
| | | | | | |
| | | | | | |
| | | | | | |
| | | | | | |
| 合计 | | 68330448.65 | | 1194906.78 | 2237255.50 |

注：本表适用于单项工程招标控制价或投标报价的汇总。

## （2）装配式混凝土体系计价汇总表

**工程项目招标控制价汇总表**

工程名称：酒店项目（PC）　　　　　　　　　　　　　　　　　　　　第 1 页　共 1 页

| 序号 | 单项工程名称 | 金额（元） | 其中 | | |
|---|---|---|---|---|---|
| | | | 暂估价（元） | 安全文明施工费（元） | 规费（元） |
| 1 | 酒店项目（PC） | 72730470.62 | | 1350121.06 | 2269001.21 |
| | 工程建设其他费 | | | | |
| | 设备及工器具购置费 | | | | |
| | 合计 | 72730470.62 | | 1350121.06 | 2269001.21 |

注：本表适用于建设项目招标控制价或投标报价的汇总。

## 单项工程招标控制价汇总表

工程名称：酒店项目（PC）

第1页　共1页

| 序号 | 单位工程名称 | 金额（元） | 其中 | | |
|---|---|---|---|---|---|
| | | | 材料设备暂估价（元） | 安全文明施工措施费（元） | 规费（元） |
| 1 | 酒店项目（PC）-混凝土结构及隔墙工程 | 18700019.46 | | 551794.05 | 685250.84 |
| 2 | 酒店项目（PC）-土建防水工程 | 3062066.45 | | 86442.82 | 131956.96 |
| 3 | 酒店项目（PC）-外幕墙 | 6379077.03 | | 86429.40 | 206741.73 |
| 4 | 酒店项目（PC）-装饰工程 | 26881589.02 | | 368668.25 | 426936.99 |
| 5 | 酒店项目（PC）-电气工程 | 2755340.10 | | 40601.00 | 87028.83 |
| 6 | 酒店项目（PC）-强弱电桥架 | 137363.48 | | 1990.31 | 6484.95 |
| 7 | 酒店项目（PC）-消防电工程 | 1438821.88 | | 20809.13 | 70367.12 |
| 8 | 酒店项目（PC）-给水排水工程 | 1904659.58 | | 27687.74 | 80001.35 |
| 9 | 酒店项目（PC）-智能化工程 | 5902151.43 | | 84945.51 | 314871.98 |
| 10 | 酒店项目（PC）-通风设备 | 5301763.63 | | 77027.33 | 237068.05 |
| 11 | 酒店项目（PC）-抗震支吊架工程 | 267618.56 | | 3725.52 | 22292.41 |
| | 暂列金额 | | | | |
| | 专业工程暂估价 | | | | |
| | 专业工程结算价 | | | | |
| | | | | | |
| | | | | | |
| | | | | | |
| | | | | | |
| | | | | | |
| | | | | | |
| | | | | | |
| | | | | | |
| 合计 | | 72730470.62 | | 1350121.06 | 2269001.21 |

注：本表适用于单项工程招标控制价或投标报价的汇总。

（3）装配式钢结构体系计价汇总表

工程项目招标控制价汇总表

工程名称：酒店项目（钢结构） 第1页 共1页

| 序号 | 单项工程名称 | 金额（元） | 其中 | | |
|---|---|---|---|---|---|
| | | | 暂估价（元） | 安全文明施工费（元） | 规费（元） |
| 1 | 酒店项目（钢结构） | 90691100.29 | | 1724870.00 | 2810711.82 |
| | 工程建设其他费 | | | | |
| | 设备及工器具购置费 | | | | |
| 合计 | | 90691100.29 | | 1724870.00 | 2810711.82 |

注：本表适用于建设项目招标控制价或投标报价的汇总。

单项工程招标控制价汇总表

工程名称：酒店项目（钢结构）　　第1页　共1页

| 序号 | 单位工程名称 | 金额（元） | 其中 | | |
|---|---|---|---|---|---|
| | | | 材料设备暂估价（元） | 安全文明施工措施费（元） | 规费（元） |
| 1 | 酒店项目（钢结构）–混凝土结构工程 | 3076564.01 | | 95276.61 | 78377.01 |
| 2 | 酒店项目（钢结构）–钢结构工程 | 26417345.67 | | 733597.68 | 748268.16 |
| 3 | 酒店项目（钢结构）–隔墙工程 | 7166739.45 | | 97668.70 | 400316.28 |
| 4 | 酒店项目（钢结构）–土建防水工程 | 3062066.45 | | 86442.82 | 131956.96 |
| 5 | 酒店项目（钢结构）–外幕墙 | 6379077.03 | | 86429.40 | 206741.73 |
| 6 | 酒店项目（钢结构）–装饰工程 | 26881589.02 | | 368668.25 | 426936.99 |
| 7 | 酒店项目（钢结构）–电气工程 | 2755340.10 | | 40601.00 | 87028.83 |
| 8 | 酒店项目（钢结构）–强弱电桥架 | 137363.48 | | 1990.31 | 6484.95 |
| 9 | 酒店项目（钢结构）–消防电工程 | 1438821.88 | | 20809.13 | 70367.12 |
| 10 | 酒店项目（钢结构）–给水排水工程 | 1904659.58 | | 27687.74 | 80001.35 |
| 11 | 酒店项目（钢结构）–智能化工程 | 5902151.43 | | 84945.51 | 314871.98 |
| 12 | 酒店项目（钢结构）–通风设备 | 5301763.63 | | 77027.33 | 237068.05 |
| 13 | 酒店项目（钢结构）–抗震支吊架工程 | 267618.56 | | 3725.52 | 22292.41 |
| | 暂列金额 | | | | |
| | 专业工程暂估价 | | | | |
| | 专业工程结算价 | | | | |
| 合计 | | 90691100.29 | | 1724870.00 | 2810711.82 |

注：本表适用于单项工程招标控制价或投标报价的汇总。

### (4)钢结构箱式模块化体系计价汇总表

工程项目招标控制价汇总表

工程名称：酒店项目(模块化) 第1页 共1页

| 序号 | 单项工程名称 | 金额(元) | 其中 | | |
|---|---|---|---|---|---|
| | | | 暂估价(元) | 安全文明施工费(元) | 规费(元) |
| 1 | 酒店项目(模块化) | 107123380.91 | | 2102839.67 | 4053161.11 |
| | 工程建设其他费 | | | | |
| | 设备及工器具购置费 | | | | |
| | 合计 | 107123380.91 | | 2102839.67 | 4053161.11 |

注：本表适用于建设项目招标控制价或投标报价的汇总。

## 单项工程招标控制价汇总表

工程名称：酒店项目（模块化）　　　　　　　　　　　　第 1 页　共 1 页

| 序号 | 单位工程名称 | 金额（元） | 其中 | | |
|---|---|---|---|---|---|
| | | | 材料设备暂估价（元） | 安全文明施工措施费（元） | 规费（元） |
| 1 | 酒店项目（模块化）– 模块化箱体工程 | 44406275.61 | | 1160194.49 | 2042546.53 |
| 2 | 酒店项目（模块化）– 混凝土结构工程 | 1519914.69 | | 46649.47 | 26547.93 |
| 3 | 酒店项目（模块化）– 隔墙工程 | 7166739.45 | | 97668.70 | 400316.28 |
| 4 | 酒店项目（模块化）– 土建防水工程 | 3062066.45 | | 86442.82 | 131956.96 |
| 5 | 酒店项目（模块化）– 外幕墙 | 6379077.03 | | 86429.40 | 206741.73 |
| 6 | 酒店项目（模块化）– 装饰工程 | 26881589.02 | | 368668.25 | 426936.99 |
| 7 | 酒店项目（模块化）– 电气工程 | 2755340.10 | | 40601.00 | 87028.83 |
| 8 | 酒店项目（模块化）– 强弱电桥架 | 137363.48 | | 1990.31 | 6484.95 |
| 9 | 酒店项目（模块化）– 消防电工程 | 1438821.88 | | 20809.13 | 70367.12 |
| 10 | 酒店项目（模块化）– 给水排水工程 | 1904659.58 | | 27687.74 | 80001.35 |
| 11 | 酒店项目（模块化）– 智能化工程 | 5902151.43 | | 84945.51 | 314871.98 |
| 12 | 酒店项目（模块化）– 通风设备 | 5301763.63 | | 77027.33 | 237068.05 |
| 13 | 酒店项目（模块化）– 抗震支吊架工程 | 267618.56 | | 3725.52 | 22292.41 |
| | 暂列金额 | | | | |
| | 专业工程暂估价 | | | | |
| | 专业工程结算价 | | | | |
| 合计 | | 107123380.91 | | 2102839.67 | 4053161.11 |

注：本表适用于单项工程招标控制价或投标报价的汇总。

# 附录 D 装配式建筑相关政策汇编

（1）国家及政府部门主要政策文件指引

[1]《国务院办公厅关于大力发展装配式建筑的指导意见》国办发 [2016]71 号

[2]《工业和信息化部关于印发产业技术创新能力发展规划（2016—2020 年）的通知》工信部规 [2016] 344 号

[3]《国务院办公厅关于促进建筑业持续健康发展的意见》国办发 [2017]19 号

[4]《“十三五”装配式建筑行动方案》建科 [2017]77 号

[5]《关于印发 2018 年工作要点的通知》建市综函 [2018]7 号

[6]《开展 2018 年度装配式建筑发展情况统计工作的通知》建标墙函 [2019]14 号

[7]《住房和城乡建设部建筑市场监督司 2019 年工作要点》住房和城乡建设部建筑市场监管司 [2019 年 ]

[8]《全国住房和城乡建设工作会议》住房和城乡建设部 [2019 年 ]

[9]《新型冠状病毒肺炎应急救治设施设计导则（试行）》国卫办规划函 [2020]111 号

[10]《关于发布智能制造工程技术人员等职业信息的通知》人社部发 [2020]17 号

[11]《新型冠状病毒肺炎应急救治设施负压病区建筑设计导则（试行）》卫健委、住房和城乡建设部 [2020 年 ]

[12]《装配式住宅建筑监测技术标准》建标 [2016]248 号

[13]《关于推动智能建造与建筑工业化协同发展的指导意见》建市 [2020]60 号

[14]《绿色建筑创建行动方案》建标 [2020]65 号

[15]《关于加快新型建筑工业化发展的若干意见》建标 [2020]8 号

[16]《装配式结构模块建筑技术指南》住房和城乡建设部 [2022 年 ]

（2）深圳地区相关政策文件指引

[1]《深圳市建设工程质量提升行动方案（2014—2018 年）》深府办函 [2014]62 号

[2]《关于加快推进深圳住宅产业化的指导意见（试行）》深建字 [2014]193 号

[3]《深圳市住宅产业化项目单体建筑预制率和装配率计算细则（试行）》深建字 [2015]106 号

[4]《关于加快推进装配式建筑的通知》深建科工 [2016]22 号

[5]《深圳市装配式建筑工程消耗量定额》深建字 [2016]379 号

[6]《深圳市住房和建设局关于装配式建筑项目设计阶段技术认定工作的通知》深建规 [2017]3 号

[7]《广东省人民政府办公厅关于大力发展装配式建筑的实施意见》粤府办 [2017]28 号

[8]《深圳市建筑节能发展专项资金管理办法》深建规 [2018]6 号

[9]《关于做好装配式建筑项目实施有关工作的通知》深建规 [2018]13 号

[10]《深圳市装配式建筑发展专项规划（2018—2020）》深建字 [2018］27 号

[11]《〈深圳市装配式建筑发展专项规划（2018—2020）〉工作任务分解方案的通知》深建字 [2018] 45 号

[12]《深圳市装配式建筑专家管理办法》深建规 [2018]9 号

[13]《深圳市装配式建筑产业基地管理办法》深建规 [2018]10 号

[14]《关于在市政基础设施中加快推广应用装配式技术的通知》深建科工 [2018]71 号

[15]《广东省住房和城乡建设厅科技创新计划项目管理办法》粤建科 [2019]214 号

[16]《深圳市工程建设领域科技计划项目管理办法》深建规 [2020]17 号

[17]《广东省促进建筑业高质量发展的若干措施》粤府办 [2021]11 号

[18]《关于印发〈广东省绿色建筑创建行动实施方案（2021—2023）〉的通知》粤建科 [2021]166 号

[19]《广东省建筑业“十四五”发展规划》粤建市 [2021]233 号

[20]《广东省住房和城乡建设厅关于印发广东省建筑节能与绿色建筑发展“十四五”规划的通知》粤建科 [2022]56 号

[21]《住房和城乡建设部关于印发“十四五”住房和城乡建设科技发展规划的通知》建标 [2022]23 号

[22]《住房和城乡建设部办公厅关于印发装配式钢结构模块建筑技术指南的通知》建办标函 [2022]209 号

[23]《广东省住房和城乡建设厅关于开展智能建造项目试点工作的通知》粤建市函 [2022]462 号

[24]《关于支持建筑领域绿色低碳发展若干措施》深建规 [2022]4 号

（3）北京地区相关政策文件指引

[1]《关于在本市保障性住房中实施绿色建筑行动的若干指导意见》京建发 [2014]315 号

[2]《关于加强装配式混凝土结构产业化住宅工程质量管理的通知》京建发 [2014]16 号

[3]《关于在本市保障性住房中实施全装修成品交房有关意见的通知》京建法 [2015]17 号

[4]《关于实施保障性住房全装修成品交房若干规定的通知》京建法 [2015]18 号

[5]《关于发布〈北京市产业化住宅部品评审细则〉的通知》京建发 [2016]140 号

[6]《北京市发展装配式建筑 2017 年工作计划》京装配联办发 [2017]2 号

[7]《北京市保障性住房预制装配式构件标准化技术要求》京建发 [2017]4 号

[8]《关于加快发展装配式建筑的实施意见》京政办发 [2017]8 号

[9]《北京市装配式建筑专家委员会管理办法》京建发 [2017]382 号

[10]《关于在本市装配式建筑工程中实行总承包招投标的若干规定（试行）》京建法 [2017]29 号

[11]《北京市装配式建筑项目设计管理办法》市规土委 [2017]407 号

[12]《关于加强装配式混凝土建筑工程设计施工质量全过程管控的通知》京建法 [2018]6 号

[13]《北京市装配式建筑、绿色建筑、绿色生态示范区项目市级奖励资金管理暂行办法》京建法 [2020]4 号

[14]《北京市人民政府办公厅关于进一步发展装配式建筑的实施意见》京政办发 [2022]16 号

# 参考文献


[1] ALIA S A，HAMMADB A A，HASTAKC M，et al. Analysis of a modular housing production system using simulation[J]. JJMIE，2010，4(3).

[2] DOE R，AITCHISON M. Computational design of prefabricated modular homes[C]//Annual International Conference on Architecture and Civil Engineering，2015.

[3] 中国建筑标准设计研究院有限公司，北京浩石集成房屋有限公司 . 钢结构箱式模块化房屋建筑构造（一）：17CJ74-1[S]. 北京：中国计划出版社，2017.

[4] 王炜 . 多层箱式模块化建筑受力性能和设计方法的研究 [D]. 西安：西安建筑科技大学，2017.

[5] 赫连光泽，周学军，王振 . 叠箱式模块化建筑内力计算方法研究 [J]. 山东建筑大学学报，2021，36(4)：43-49.

[6] 顾进 . 集装箱式模块化建筑结构设计 [J]. 建筑结构，2021，51(Sup1)：1152-1156.

[7] 郝际平，孙晓岭，薛强，等 . 绿色装配式钢结构建筑体系研究与应用 [J]. 工程力学，2017(1)：1-13.

[8] 马军庆 . 装配式建筑综述 [J]. 黑龙江科技信息，2009(8)：271.

[9] 郑先红，李伟平 . 混凝土小型空心砌块建筑设计浅议 [J]. 内江科技，2009，30(1)：111.

[10] 刘宏，赵家鹏 . 浅论大板建筑的构造特点 [J]. 辽宁工学院学报，1999(Sup1)：71-72，96.

[11] 宋晔皓，褚英男，何逸 . 碳中和导向的装配式建筑整体设计关键要素研究 [J]. 世界建筑，2021(7)：8-13，128.

[12] 曹希 . 装配式建筑智能建造探讨 [J]. 建筑科技，2021，5(6)：70-73.

[13] 高瑜．建筑工业化趋势与发展措施 [J]. 产业与科技论坛，2010，9(5)：117–118.

[14] 钱志峰，陆惠民．对我国建筑工业化发展的思考 [J]. 江苏建筑，2008(Sup)：71–73.

[15] 贾俊秀，刘爱军，李华．系统工程学 [M]. 西安：西安电子科技大学出版社，2014.

[16] 罗振壁，朱立强．工业工程导论 [M]. 北京：机械工业出版社，2004.

[17] 熊光楞．并行工程的理论与实践 [M]. 北京：清华大学出版社，2001.

[18] 卡丽斯・鲍德温，金・克拉克．设计规则：模块化的力量 [M]. 张传良，译．北京：中信出版社，2006.

[19] 覃伟中，谢道雄，赵劲松，等．石油化工智能制造 [M]. 北京：化学工业出版社，2019.

[20] 丁士昭，杨胜军．政府工程怎么管——深圳的实践与创新研究 [M]. 上海：同济大学出版社，2015.

[21] 彼得・德鲁克．卓有成效的管理者 [M]. 许是祥，译．北京：机械工业出版社，2005.

[22] 林同炎，S・D・斯多台斯伯利．结构概念和体系：第二版 [M]. 高立人，方鄂华，钱稼茹，译．北京：中国建筑工业出版社，1999.

[23] 李桦，宋兵．公共租赁住房居室工业化建造体系理论与实践 [M]. 北京：中国建筑工业出版社，2014.

[24] 樊则森．走向新营造——工业化建筑系统设计理论及方法 [M]. 北京：中国建筑工业出版社，2021.

[25] 徐卫国，张鹏宇．当代中国数字建筑设计 [M]. 桂林：广西师范大学出版社，2022.

[26] 安筱鹏．重构：数字化转型的逻辑 [M]. 北京：电子工业出版社，2019.

[27] 何宛余．给建筑师的人工智能导读 [M]. 上海：同济大学出版社，2021.

[28] 郭学明．装配式混凝土结构建筑的设计、制作与施工 [M]. 北京：机械工业出版社，2017.

[29] 勒・柯布西耶．模度 [M]. 张春彦，邵雪梅，译．北京：中国建筑工业出版社，2011.

[30] C・亚历山大，S・伊希卡娃，M・西尔佛斯坦，等．建筑模式语言 [M]. 王听度，周序鸣，译．北京：知识产权出版社，2002.

[31] C・亚历山大，H・戴维斯，J・马丁内，等．住宅制造 [M]. 高灵英，李静斌，葛素娟，译．北京：知识产权出版社，2002.

[32] 李春田．标准化概论 [M]. 北京：中国人民大学出版社，2005.

[33] 张博为．建筑的工业化思维：装配式建筑职业经理人的入门课 [M]. 北京：机械工业出版社，2019.

**图书在版编目（CIP）数据**

工业化建造模式的数字化比较研究与应用 = The Digitalized Comparative Study and Application of Industrialized Construction Mode / 黄起，宋兵主编；巩俊贤等副主编 . — 北京：中国建筑工业出版社，2022.12

ISBN 978-7-112-27999-9

Ⅰ.①工… Ⅱ.①黄… ②宋… ③巩… Ⅲ.①建筑施工—数字化—模型—对比研究 Ⅳ.① TU723.1

中国版本图书馆 CIP 数据核字（2022）第 178595 号

本书选取了两个已竣工的项目，分别采用钢结构箱式模块化（MiC）、装配式钢结构、装配式混凝土（PC）和现浇混凝土四种技术体系，通过试设计建立了八个 BIM 模型，通过施工现场调研、工厂考察和数字化分析等技术手段，从技术体系、管理模式、设计环节、生产环节、施工环节、碳排放、建造周期与验收节点、建造成本八个方面开展了“实体建造”与“虚拟建造”相结合的比较研究，得出了一系列比较数据，总结了四种建造模式的特点、难点和问题，为推进新型建筑工业化的发展提供建议。本书适合建筑业设计、施工、研究人员参考使用。

责任编辑：万　李　张　磊　范业庶

责任校对：赵　菲

**工业化建造模式的数字化比较研究与应用**

The Digitalized Comparative Study and Application of Industrialized Construction Mode

主　编：黄　起　宋　兵

副主编：巩俊贤　张博为　王　威　邹汇源　陈　文　刘彦飞　李宝丰

*

中国建筑工业出版社出版、发行（北京海淀三里河路 9 号）

各地新华书店、建筑书店经销

北京海视强森文化传媒有限公司制版

北京中科印刷有限公司印刷

*

开本：787 毫米 × 960 毫米　1/16　印张：10　字数：150 千字

2022 年 12 月第一版　2022 年 12 月第一次印刷

定价：**105.00** 元

ISBN 978-7-112-27999-9

（40131）